천체사진 입문자를 위한
딥스카이 사진 촬영 가이드

천체사진 입문자를 위한
딥스카이 사진 촬영 가이드

초판 1쇄 발행 2016년 7월 26일
초판 3쇄 발행 2020년 12월 1일

저자 윤철규

펴낸이 양은하
펴낸곳 들메나무 **출판등록** 2012년 5월 31일 제396-2012-0000101호
주소 (10893) 경기도 파주시 와석순환로 347 218-1102호
전화 031)941-8640 **팩스** 031)624-3727
전자우편 deulmenamu@naver.com

값 20,000원
ⓒ윤철규, 2016
ISBN 979-11-86889-05-3 (13440)

* 이 책은 저작권법에 따라 보호받는 저작물이므로 무단전재와 무단복제를 금합니다.
* 잘못된 책은 바꿔드립니다.

천체사진 입문자를 위한

딥스카이
사진 촬영
가 이 드

PixInsight

윤철규 지음

들메나무

저자의 말
여러분의 천체사진
촬영 입문을 환영합니다

    고향이 시골인 분들은 어릴 적 앞마당 툇마루에 누워 밤하늘의 장엄하면서도 무시무시한 은하수를 본 기억이 있으실 겁니다. 그 별들은 지금도 저녁이 되면 변함없이 그 자리에 떠오르고 있습니다.
    또한 이를 보는 것에 그치지 않고, 그것을 사진에 담아내기 위해 현재 많은 아마추어 천체사진가들이 전국에서 꾸준히 활동을 하고 계시며, 필자 역시 촬영지를 열심히 누비고 있는 그들 중 한 명입니다.

    과거 아날로그 필름카메라로 천체사진을 촬영하던 시절에는 촬영 결과의 즉석 확인이 불가능했기 때문에 어두운 대상에 대해 초점과 구도를 잡고 촬영을 진행하기가 수월치 않았습니다. 하지만 디지털카메라의 등장으로 촬영 직후, 바로 그 자리에서 확인 작업이 가능해진 것은 물론이고, 관련 장비들도 그때에 비해 훨씬 다양해지고 저렴해져서 누구나 어렵지 않게 천체사진을 즐길 수 있게 되었습니다.
    이러한 장비의 발전과 변화가 본 취미의 대중화에 끼친 영향은 실로 지대하다 할 수 있습니다. 그럼에도 불구하고 입문 과정에서 포기하는 분들이 많이 계시는 것도 사실입니다. 그 이유들 중에는 그분들을 이끌어줄 정보가 많이 부족한 탓도 클 것으로 생각됩니다.

이 책은 필자가 천체사진에 입문하는 분들을 대상으로 수차례 진행한 천체사진 입문 강좌의 내용을 정리하여 엮은 것입니다. 천체사진의 종류와 촬영법을 간략히 소개하고, 원래의 목적인 딥스카이 사진 촬영을 위해 필요한 장비들과 촬영 방법, 그리고 촬영된 사진의 처리 방법에 대해 기술했습니다.

촬영된 사진의 처리에 대한 부분은 입문자에게 다소 생소한 내용일 수 있습니다. 단시간에 숙달하려 하기보다는 촬영 활동하는 내내 보고 따라해볼 수 있는 핸드북 정도로 활용하시면 좋을 것 같습니다. 입문자 분들에게 조금이나마 도움이 되길 바랍니다.

지금 밤하늘에는 무수히 많은 대상들이 여러분들의 촬영을 기다리고 있습니다. 찬찬히 준비하셔서 조만간 아름다운 밤하늘을 예쁘게 담아주시기를 기대하겠습니다.

※ 추가적인 자료가 필요하시면 네이버 카페 'http://cafe.naver.com/starimaging'을 방문해주시기 바랍니다.
※ 별하늘지기 http://cafe.naver.com/skyguide

차례

저자의 말 · 04

1장 천체사진 종류 및 촬영 방법

　1. 별 일주 촬영 · 16
　2. 은하수 촬영 · 18
　3. 행성 촬영 · 20
　4. 달 촬영 · 22
　5. 딥스카이 촬영 · 24

2장 딥스카이 촬영 장비

　1. 적도의 · 28
　2. 경통 · 36
　3. 보정렌즈 · 48
　4. 열선 · 54
　5. 카메라 · 58
　6. 노트북 · 68
　7. 가이드 경통 및 카메라 · 71
　8. 전원 장비 · 73
　9. 연결 어댑터와 케이블 · 76

3장 딥스카이 사진 촬영 / MaximDL, PHD

1. 좋은 천체사진이란? · 82
2. 촬영 방해 요소와 대처 · 87
3. 좋은 천체사진 촬영 요건 · 91
4. 첫 촬영 권장 딥스카이 대상 · 93
5. 촬영 장비 설치 · 97
6. 촬영 준비 · 99
7. 이미지(Light frame) 촬영 / MaximDL · 105
8. 캘리브레이션 이미지 촬영 · 114

4장 딥스카이 사진 처리 / PixInsight

1. 이미지 처리 과정 도해 · 118
2. 캘리브레이션 마스터 파일 생성 · 125
3. 이미지 캘리브레이션 · 132
4. 이미지 합성 · 138
5. L 이미지 처리 · 140
6. RGB 이미지 처리 · 146
7. LRGB 이미지 처리 · 154
8. 유용한 프로세스들 · 156
9. 이미지 처리 예제 · 164

M13 구상 성단 / 2015년 경기도 안성 촬영

북반구 하늘에서 가장 밝고 멋진 구상 성단이 바로 M13(NGC6205)이다. 약 24,000광년의 거리에 있으며, 30여만 개나 되는 별들이 지름 35광년인 거대한 공 모양으로 밀집되어 있다. 이 구상 성단은 헤라클레스자리에 위치하고 있으며, 약 6등성의 밝기로 맑은 날 밤 맨눈으로도 볼 수 있다.

M31 안드로메다 은하 / 2015년 경기도 양평 촬영

이 은하는 우리은하에서 약 250만 광년 거리에 위치한 유명한 나선 은하이다. 우리은하와 가장 가까운 은하이며, 그리스 신화에 등장하는 안드로메다 공주의 이름에서 유래했다. 폭은 약 22만 광년으로 약 1조 개의 별들이 속해 있으며, 이 숫자는 우리은하의 두 배에 이른다. 2012년 연구에 따르면 안드로메다 은하는 대략 100억 년 전에 수많은 작은 원시은하들의 병합과 충돌을 통해 오늘날 우리가 보는 것보다 작은 형태로 형성되었다고 한다. 현재 우리은하와 초당 약 110Km의 속도로 가까워지고 있어, 약 40억 년 후에 정면으로 충돌할 것으로 예측되고 있다. "개념을 안드로메다에 보냈냐…"라는 농담을 유행하게 만든 재미있는 은하이기도 하다.

M42 오리온 대성운 / 2015년 경기도 양평 촬영

오리온 대성운(M42, NGC1976)은 오리온자리 소삼태성에 위치하고 있으며, 우리 눈으로 쉽게 볼 수 있을 정도로 크고 밝은 발광 성운이다. 이 성운 속에는 태어난 별들과 태어나고 있는 별들의 수가 약 2,800개가 넘는다고 한다. 지구로부터 1,600광년 떨어져 있으며, 지름은 33광년에 이르고, 오리온 대성운 안에는 트라페지움으로 알려진 젊은 산개 성단이 위치해 있다. 우리가 보는 대성운의 모습은 오리온자리 부근을 뒤덮은 거대한 수소 구름에서 가장 들뜬 상태의 영역이다.

M45 플레이아데스 성단 / 2014년 강원도 홍천 촬영

좀생이별이라고도 불리는 플레이아데스 성단(Pleiades star cluster)은 황소자리에 위치한 산개 성단이다. 지구에서 가장 가까운 산개 성단 중 하나이며, 별들이 크고 밝아 밤하늘에서 육안으로 가장 확실히 알아볼 수 있는 성단이다. 그리스 신화에서는 이 성단을 아틀라스와 그 딸들인 7자매별로 부르지만, 이 성단에는 무려 1,000개 이상의 별이 존재한다. 천문학자들은 이 성단이 향후 약 2억 5,000만 년 동안 유지되다가, 이웃 천체들과의 중력적 상호작용으로 인해 흩어져버릴 것으로 추측하고 있다.

NGC281 팩맨 성운 / 2015년 강원도 인제 촬영

컴퓨터 게임 팩맨의 모습을 닮아 팩맨으로 불리는 성운이다. 이 성운은 1883년 8월에 에드워드 바너드(Edward E. Barnard)에 의해 발견되었으며, 당시 바너드는 "매우 넓게 퍼져 있는 크고 희미한 성운"으로 묘사했다. 카시오페이아자리에 위치하며, 어두운 하늘에서 아마추어 천체망원경으로 그 모습을 확인할 수 있다.

IC1396 코끼리코(Elephant's Trunk) 성운 / 2016년 강원도 인제 촬영

지구에서 2,400광년 떨어진 세페우스자리에 위치하고 있는 발광 성운이며, 2003년에 적외선으로 촬영된 사진에 의해 매우 젊고 푸른 별이 모여 있는 것으로 밝혀졌다. 주변에 암흑 성운이 많이 분포되어 있으며, 외곽에서 중심부 쪽으로 코끼리 코 모양으로 솟아 있는 기둥이 이색적인 성운 지역이다. 이 사진은 협대역 필터(Narrow filter)로 촬영하여 처리한 사진이다.

1장
천체사진 종류 및 촬영 방법

이 챕터에서는 천체사진의 종류에 대해 소개하고, 그 촬영법을 간략히 설명합니다. 별 일주나 은하수는 흔히 사용하는 DSLR로 촬영하며, 달이나 행성같이 밝은 대상들은 어두운 하늘로 접근하지 않아도 촬영이 가능합니다. 모두 아름다운 대상들이니 꼭 촬영해보시기 바랍니다.

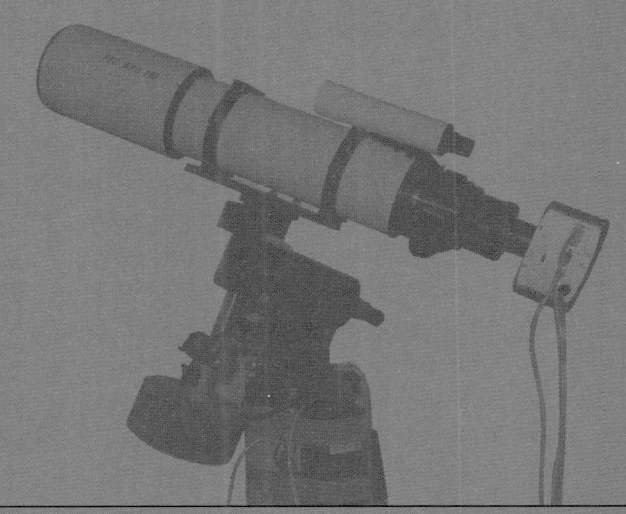

1 별 일주 촬영

◆ 지구의 자전으로 회전하는 별들의 궤적을 촬영하는 방법입니다. 비교적 초점거리가 짧은 렌즈를 사용하여 건물이나 풍경을 배경으로 일주하는 별들의 궤적을 촬영합니다.

▶ **사용 장비**

1) DSLR 등의 카메라와 가급적 초점거리가 짧은 광각렌즈
2) 삼각대, 카메라 볼헤드(Ball head)
3) 카메라 릴리즈
4) 열선

▶ **촬영 방법**

① 카메라에 렌즈를 장착해 삼각대에 고정시키고, 이슬에 대비하여 렌즈에 열선을 감아두고 전원을 넣어줍니다.
② 밝은 별을 이용하여 렌즈의 초점을 맞춥니다. 천체 대상들은 무한대 초점 부근입니다.
③ 촬영할 방향으로 구도를 잡습니다.
④ ISO가 높을수록 노이즈가 증가하므로 노이즈를 고려하여 적당한 ISO(약 400~1600)를 설정하고, 15초~1분 정도의 노출로 4~6시간 정도 연속으로 촬영합니다.
⑤ Startrails(무료) 같은 별 궤적 합성 프로그램을 이용해 촬영된 이미지들을 합성하여 한 장으로 완성합니다.

북극성 중심의 일주 사진

▶ **주의사항**

1) 긴 시간의 촬영에 대비해 여유 있는 배터리 또는 외부 전원을 준비합니다.
2) 촬영 중 삼각대를 건드리게 되면 차후 처리 시 별들이 자연스럽게 연결되지 않으므로 삼각대가 움직이지 않도록 조심합니다.

2 은하수 촬영

◆ 밤하늘에 펼쳐진 은하수를 촬영하는 방법입니다. 주로 화려한 여름 은하수를 촬영합니다.

▶ **사용 장비**

1) DSLR 등의 카메라와 가급적 초점거리가 짧은 광각렌즈
2) 은하수 촬영용 Sky tracker, SWAT, Smart EQ, TOAST-Pro 등의 소형 적도의, 카메라 볼헤드
3) 카메라 릴리즈
4) 열선

▶ **촬영 방법**

① 적도의 극축을 정렬합니다.
② 이슬에 대비하여 카메라 렌즈에 열선을 감아두고 전원을 넣어줍니다.
③ 밝은 별을 이용하여 렌즈의 초점을 맞춥니다.
④ 촬영할 은하수 방향으로 카메라를 향하고 구도를 잡습니다.
⑤ 적당한 ISO(약 800~6400)를 설정하고, 적도의가 허용하는 정밀도에 따라 2~4분 정도의 노출로 10장 이상을 촬영합니다.
⑥ Deepsky stacker(무료) 등과 같은 합성 프로그램을 사용해 Align을 먼저 실행하여 촬영된 사진들의 위치와 앵글을 정렬한 후 한 장으로 합성하여 완성합니다.

화려한 여름 은하수

▶ **주의사항**

1) 노출 시간은 길수록 좋으나 그만큼 노이즈가 많이 발생할 수 있으므로 미리 몇 장 촬영하여 적당한 노출 시간을 확인해두는 것이 좋습니다.
2) 촬영 중 적도의가 움직이게 되면 합성이 불가능한 경우가 발생하므로 촬영 중에는 진동이 발생하지 않도록 합니다.
3) 이미지를 부드럽게 해주는 Soften 필터, Diffuser 필터 등을 사용할 수도 있습니다.

3 행성 촬영

◆ 태양계 내의 행성(달, 화성, 목성, 토성 등)을 촬영합니다.

▶ **사용 장비**
1) 초점거리가 비교적 긴 천체망원경, 추가적 배율 확보를 위한 바로우 렌즈 (Barlow lens)
2) 행성 촬영용 카메라와 (카메라 구매 시 제공된) 전용 촬영 프로그램
3) 적도의
4) 노트북
5) 열선

▶ **촬영 방법**
① 적도의 극축을 정렬합니다.
② 이슬에 대비하여 망원경 경통에 열선을 감아두고 전원을 넣어줍니다.
③ 카메라에 바로우 렌즈를 연결하여 경통에 설치한 후, 노트북에 카메라를 연결하고 전용 촬영 프로그램을 구동시킵니다.
④ 촬영하고자 하는 행성을 경통에 도입하고 노트북에 촬영되는 행성을 보면서 초점을 맞춥니다. 이 과정은 쉽지 않을 수 있으므로 접안부에 아이피스를 사용하여 눈으로 확인하면서 도입한 후에 카메라로 교체해 초점을 맞추는 것이 수월합니다.
⑤ 200~1,000프레임의 AVI 동영상을 촬영하여 저장합니다.
⑥ 촬영한 동영상을 Registax(무료) 프로그램으로 합성하여 완성합니다.

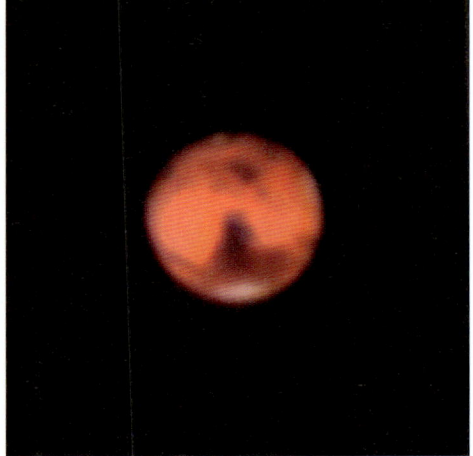

토성 　　　　　　　　　　 화성

▶ **주의사항**

1) 경통의 냉각이 부족하면 행성의 상이 일렁거릴 수 있으므로, 촬영 전 경통이 충분히 냉각될 수 있도록 기다립니다. 경통 냉각이란 망원경 내부의 온도와 외부의 온도를 차이가 없도록 맞추는 작업을 말합니다. 보통 경통 내부의 온도가 높으므로 냉각이라고 말합니다.
2) 카메라의 밝기, 선명도 등의 옵션은 몇 장 촬영해보면서 미리 최적으로 설정해둡니다.

　****태양을 촬영하는 경우에는 태양 에너지를 99% 이상 줄여주는 태양필터를 대물렌즈에 반드시 장착해야 합니다.** 고해상도의 태양면과 홍염 촬영을 위해서 고가의 태양필터나 전용 태양망원경이 사용되기도 합니다.

4 달 촬영

◆ 지구 주위를 돌고 있는 달을 촬영하는 방법입니다. 달은 보름(만월)에 가까워질수록 밝아져서 촬영한 사진이 눈으로 보는 것과 동일합니다. 따라서 만월을 피한 초승달에서 반달까지의 시기가 촬영에 적합합니다.

▶ 사용 장비

1) 촬영에 적당한 화각의 천체망원경
2) 행성 촬영용 카메라 또는 DSLR 카메라(단, DSLR 카메라는 망원경과의 연결을 위해 T링과 직초점 어댑터를 추가로 준비합니다.)
3) 적도의(정밀 촬영을 위한 선택사항)
4) 노트북
5) 열선

▶ 촬영 방법

① 적도의를 사용하는 경우 극축을 정렬합니다.
② 이슬에 대비하여 망원경 경통에 열선을 감아두고 전원을 넣어줍니다.
③ 카메라를 경통에 설치한 후, 노트북에 카메라를 연결하고 촬영 프로그램을 구동시킵니다.
④ 경통을 달로 향하여 몇 장 촬영해보고, 촬영된 달을 보며 초점을 맞춥니다.
⑤ DSLR로는 달이 한 화각에 들어오도록 하여 한 장으로 촬영하고, 행성 촬영용 카메라로는 여러 부분으로 나누어 확대 촬영합니다.
⑥ 여러 부분으로 나누어 정밀 촬영한 달 이미지는 Microsoft ICE(무료), Photo-

반월에 촬영된 달 사진

shop(유료) 등의 프로그램으로 모자이크 합성하여 한 장으로 완성합니다.

▶ **주의사항**

1) 경통의 냉각이 부족하면 달이 일렁거릴 수 있으므로 촬영 전 충분히 냉각될 수 있도록 기다립니다.
2) 이 촬영에 적도의가 반드시 필요한 것은 아니지만, 가능하면 사용하는 것이 촬영에 편리합니다.
3) 월면 확대 촬영을 위해 바로우 렌즈를 사용할 수 있습니다.

5 딥스카이 촬영

◆ 성단, 성운, 은하 등 본격적인 천체 대상들을 촬영하는 방법입니다. 타 촬영에 비해 준비해야 할 장비가 많고, 보다 긴 촬영 시간을 요합니다.

▶ **사용 장비**
1) 촬영에 적당한 화각의 천체망원경 또는 DSLR 카메라 렌즈
2) 천체촬영 전용 CCD 카메라 또는 DSLR
3) 적도의
4) 가이드용 경통과 카메라
5) 노트북
6) 열선

▶ **촬영 방법**
① 적도의에 촬영용 경통과 카메라, 가이드용 경통 등 모든 장비와 전선을 설치합니다.
② 이슬에 대비하여 망원경 경통에 열선을 감아두고 전원을 넣어줍니다.
③ 노트북에 적도의를 연결하고 촬영 프로그램을 구동시킵니다.
④ 이 촬영은 정밀성이 요구되므로 극축을 최대한 정확히 정렬합니다.
⑤ 별을 대상으로 초점을 맞춥니다.
⑥ 촬영 대상으로 적도의를 이동하고 몇 장 촬영하면서 구도를 잡습니다.
⑦ 가이드 카메라의 초점을 맞추고, 오토가이드를 시작합니다.
⑧ 대상에 따라 5~20분 정도의 노출로 10장 이상 촬영합니다.
⑨ Deepsky stacker(무료), PixInsight(유료), MaximDL(유료) 같은 천체사진 처

M20 삼열 성운

리용 프로그램을 이용해 촬영한 이미지를 처리하여 완성합니다.

▶ **주의사항**

1) 딥스카이 촬영은 비교적 고배율 망원경을 이용하여 장시간 촬영해야 하므로 탑재 중량이 높고 정밀한 적도의가 좋습니다.
2) 가이드 경통은 주 촬영 경통 초점 길이의 1/3 이상이 되는 것을 사용하여 오토가이드의 정밀성을 유지시킵니다.
3) 촬영 이미지의 노이즈 감소를 위해 고성능의 냉각 카메라를 사용하는 것이 좋습니다.
4) 이미지 면의 고른 별상을 얻기 위하여 리듀서, 플래트너 등의 보조 광학계를 사용할 수 있습니다.
5) 정밀한 초점 조정을 위해 하트만 마스크(Hartmann Mask), 바흐티노프 마스크(Bahtinov Mask) 등을 사용할 수 있습니다.

2장
딥스카이 촬영 장비

이 챕터에서는 딥스카이 사진 촬영을 위해 필요한 장비들에 대해 설명합니다. 언급되는 장비 하나하나는 촬영 시스템의 구성에 있어서 매우 중요한 요소들입니다. 모든 장비들이 문제 없이 구성될 수 있도록 한 가지씩 차근차근 알아보고 준비하시기 바랍니다.

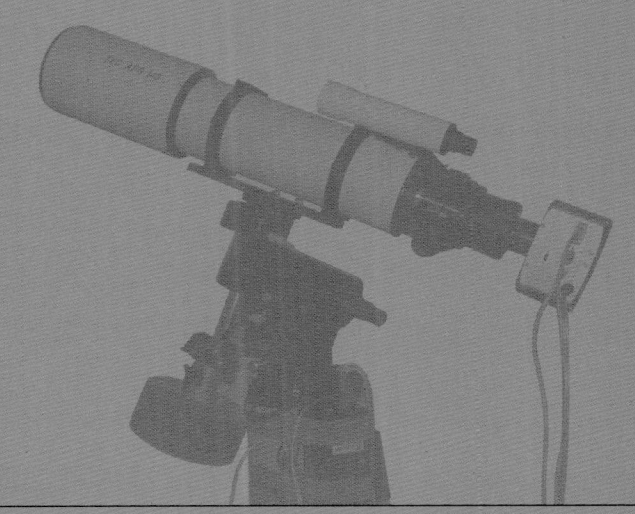

1 적도의

별을 포함한 대부분의 딥스카이(Deep sky) 대상들은 아래와 같이 두 가지 특징이 있습니다.

a) 밤에만 볼 수 있을 정도로 어둡다.
b) 지구의 자전으로 인해 계속 움직인다.

따라서 딥스카이 천체사진은 어두운 대상을 지속적으로 추적하면서 장노출로 촬영하는 것이라고 할 수 있겠습니다.

일정한 지구의 자전 속도로 인해 대상들이 동쪽에서 서쪽으로 서서히 움직이므로 지상 촬영을 위한 고정 삼각대를 이용해서는 촬영이 거의 불가능합니다. 때문에 지구 자전의 반대 방향으로 전자적으로 정밀하게 움직여주는 '적도의(赤道儀, Equatorial mount)'라는 장비를 사용합니다. 이는 항시 움직이고 있는 천체를 정밀하게 추적하여 마치 정지된 대상을 촬영하는 것처럼 해주는 장비입니다. 보통 적도의라 부르고, 적도의나 경위대 등 천체망원경을 올려놓고 사용하는 받침대를 총칭하여 가대(架臺, Mount)라고 합니다.

적도의의 사전적 정의는 '지구의 자전축에 평행인 회전축과 그에 직각인 회전축을 가진 천체 관측 기계'입니다. 적도의의 종류에는 독일식(German mount), 포크식(Open fork mount), 영국식(English mount), 교차축 가대 등 여러 가지가 있으나, 아마추어 딥스카이 촬영에는 주로 독일식 적도의가 사용됩니다.

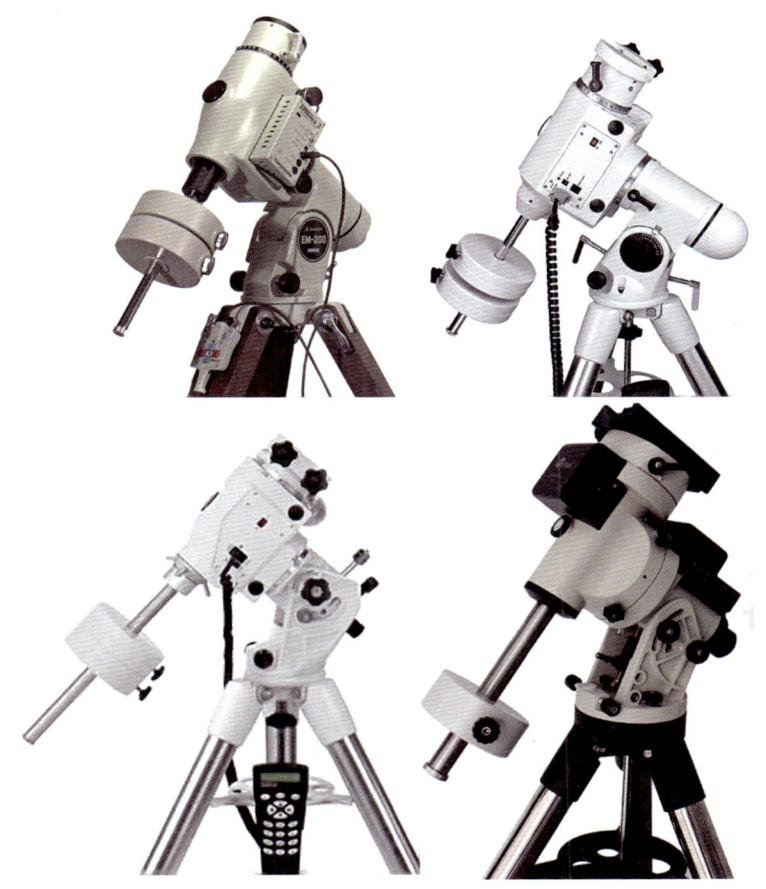

독일식 적도의

적도의의 중요한 두 가지 사양(Spec)은 '탑재 중량'과 '추적 정밀도'라고 할 수 있습니다. 보다 정밀한 추적을 위해 컴퓨터가 별을 추적하게 하는 오토가이드(Autoguide)를 이용하게 됩니다만, 적도의의 기본적인 정밀성이 바탕이 되어야 오토가이드에서 좋은 결과를 얻을 수 있으며, 장시간의 무리 없는 촬영이 가능하다고 할 수 있겠습니다.

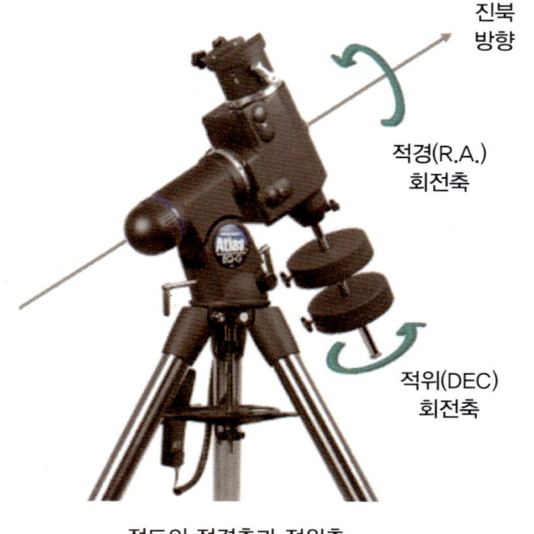

적도의 적경축과 적위축

약 20Kg 정도(균형 무게추 제외)의 탑재 능력을 갖는 EM200, EQ6pro, AZ EQ6-GT, iEQ45 등의 포터블 독일식 적도의가 이동이나 설치, 오토가이드가 용이하여 촬영에 많이 사용됩니다. 실 촬영에는 약 15Kg 이하의 하중이 적도의에 가해질 수 있도록 탑재 장비의 무게를 줄이는 것이 좋습니다.

독일식 적도의에서 자전축과 평행인 회전축을 적경축(The right ascension, RA)이라고 하며, 그에 직각인 회전축을 적위축(Declination, DEC)이라고 합니다. 적도의 몸통에는 축 회전을 위한 구동용 모터와 기어가 내장되어 있으며, 모터와 기어를 직접 맞물리게 하는 방식이 일반적인 구조이지만 작동을 멈추거나 역회전할 때, 맞물려 있는 기어 사이의 틈에 의해 바로 멈추지 못하고 미끄러지는 백래시(Backlash) 현상을 없애기 위해 벨트식 구조가 적용되기도 합니다. 백래시가 심한 경우에는 적도의 추적 오차가 발생할 수 있습니다.

극축 정렬이란 흐르는 대상을 제대로 추적할 수 있도록 적도의를 지구 회전축과 일치하도록 설치하는 것을 말합니다. 이는 적도의 사용에 있어서 최고 성능의 정밀도를 이끌어내기 위한 가장 중요하고도 기본적인 설치 과정입니다.

보통 적도의의 적경축 중심에 설치되어 있는 극축망원경을 통해 북쪽을 맞추는 구조로 되어 있습니다. 지구의 북쪽을 의미하는 방향에는 자북과 도북, 그리고 진북이 있는데, 자북은 나침반이 가리키는 자기력의 N극 방향을 말하며, 도북은 지도상의 북쪽, 진북은 지구의 실질적인 회전축을 의미합니다. 천체사진 촬영 장비인 적도의는 지구 자전축의 기준인 진북으로 정렬되어야 합니다. 진북의 방향은 자북으로부터 약간 동쪽(약 5~8도 각)에 위치합니다.

　진북의 방향에 최대한 근접해 있는 별은 작은곰자리의 α별(가장 밝은 별)인 북극성(Polaris)입니다. 적도의는 이 별을 기준으로 설치합니다. 아쉬운 점은 북극성의 위치가 정확한 진북 방향이 아니라서 북극성도 진북 주위를 돌고 있다는 것입니다. 이로 인해 극축 정렬이 순탄치 않아집니다.

　적도의 제조사들은 제각기 독특한 아이디어로 이 북극성을 이용하여 적도의 위치를 진북 방향으로 설치할 수 있도록 제품에 적용하고 있습니다. 다음 페이지에 나오는 그림은 각 적도의별 극축망원경(이후 '극망'으로 지칭) 조견판의 모양입니다. 극망을 들여다보면 그림과 같은 조견판이 보이게 되며, 각각의 방식으로 북극성을 기준 삼아 적도의의 적경축 방향이 정확한 진북으로 향하게 하는 것을 가능케 해줍니다.

　대부분의 극망들은 적도의 적경 회전축의 중심부에 위치한 홀에 삽입되어 있고, 3방향의 고정용 무두렌치 나사를 움직여 극망 위치를 조정할 수 있도록 되어 있습니다.

　극축 정렬의 신뢰성을 높이기 위해서는 극망의 중심 정렬과 방향 정렬 상태를 확인하고, 오차가 있는 경우에는 수정해줘야 합니다. 이를 극망 정렬이라고 합니다.

　밝은 낮시간에 적도의를 설치하고 수평을 정확히 맞춘 후에 극망 정렬 확인을 시작합니다. 멀리 보이는 높은 건물의 피뢰침 끝을 극망의 조견판 중심 위치에 맞춰놓고, 적경을 360도 회전시키면서 피뢰침 끝이 그 중심에 계속 위치하고 있는지 확인합니다. 만약 중심에 위치하지 않는다면 고정용 무두렌치 나사를 조정하여 중심에 위치시킵니다. 중심에 위치되었다면 극망 중심 정렬이 완료됩니다.

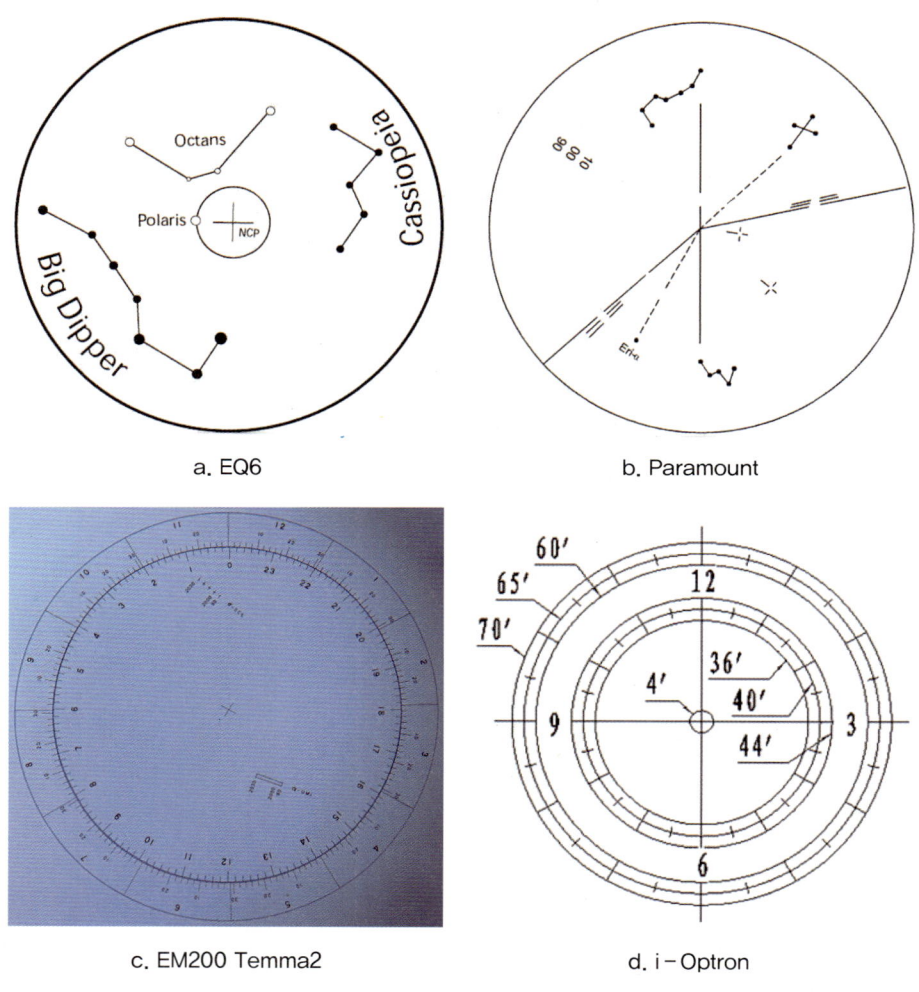

적도의별 극축망원경 조견판

그 다음에는 극망 방향 정렬을 시행합니다. 방향 정렬은 적도의의 날짜와 시간을 10월 10일 02시 00분에 정확히 맞춘 상태에서 북극성이 6시 방향에 위치되도록 하는 것입니다. 이 시각이 실제 하늘에서의 북극성이 남중하여 12시 방향에 위치하는

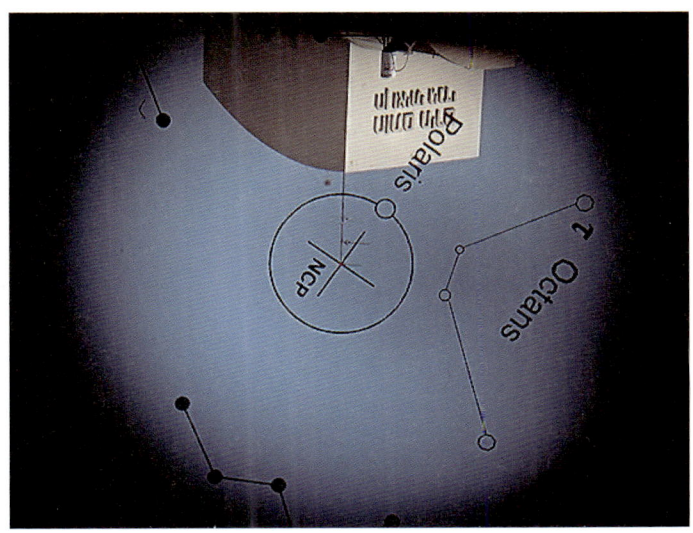

극축망원경 정렬 예

시각이며, 상하 도립으로 보이는 극망으로는 6시 방향이 됩니다.

중심 정렬을 막 끝낸 후에 고도 조절 나사만을 사용하여 고도를 내려 피뢰침 끝을 6시 방향에 근접시키고, 극망을 돌려 피뢰침 끝에 작은 북극성 원의 중앙이 위치되도록 맞춰주면 극망 정렬이 모두 완료됩니다. 한 번 시행한 극망 정렬은 충격 등으로 위치가 변경되지 않는 한 영구적으로 유지됩니다. 초기 출고 당시 잘 정렬되어 있는 것들도 있습니다만, 그렇지 않은 경우도 많으므로 정렬 상태를 확인해보는 것이 좋습니다.

극망 정렬이 완료된 상황에서 촬영지로 이동하여 장비 설치를 마친 후 적도의를 진북 방향으로 맞추는 극축 정렬을 시행하게 되는데, 때에 따라서는 극망을 이용하여 대략적인 극축 정렬을 하고, 표류이탈법(Drift alignment)을 시행하여 아주 정밀한 정렬을 하기도 합니다.

보다 더 정밀한 추적을 위해서 오토가이드 방법을 사용합니다. 오토가이드는 딥스카이 촬영 주경 위에 구경이 작고 가벼운 경통을 얹어놓는 피기백(Piggy back) 방식으로 장착하여, 촬영 대상 부근에 위치한 한 별을 기준으로 적도의가 지속적으로 따라가도록 제어하는 방법입니다. 이 방법은 가이드 망원경과 가이드 카메라, 그리고 이를 수행하는 가이드 소프트웨어(Guide Software)를 PC에 설치하여 진행합니다. 기준이 되는 별과 적도의가 서로 떨어진 거리가 되는 추적 오차(Tracking error)를 실시간으로 계산하여 적도의의 추적 위치를 수정하도록 하는 원리입니다.

가이드 소프트웨어로는 MaximDL(유료)과 PHD(무료) 프로그램 등 가이드 기능이 있는 소프트웨어가 주로 사용됩니다. 정밀도가 좋은 적도의는 약 3초 정도의 주기로 추적시키며, 정밀도가 다소 부족한 적도의는 약 1초 정도의 주기로 제어하도록 합니다.

적도의의 기본 추적 정밀도를 극히 신뢰하여 오토가이드 없이 정밀한 극축 정렬만을 시행해 대상을 촬영하는 것을 노터치(No touch) 또는 노가이드(No guide) 촬영이라고 합니다. 그러나 적도의에 내장된 웜기어의 회전 주기 때문에 발생하는 주기 오차(Periodic error)와 바람이나 기타 요인 등에 의한 진동의 영향으로 인해, 장시간 정밀 촬영에 있어서 오토가이드를 배제하는 것은 쉽지 않습니다.

적도의는 촬영을 위한 기본 장비들과 오토가이드를 위한 장비들을 모두 탑재시킨 상태에서 안정적으로 운용될 수 있어야 원활한 촬영이 가능합니다. 촬영 현장에 불어오는 바람도 촬영에 좋지 않은 영향을 미칠 수 있으며, 이러한 요인들은 충분한 탑재 중량에 의해 감쇄될 수 있습니다. 아예 처음부터 탑재 중량이 높은 적도의를 준비하는 방법도 있으나 탑재시킬 장비를 가급적 가볍게 구성하는 것이 무엇보다 중요합니다.

적도의를 떠받치는 삼각대는 고도가 높은 대상 촬영 시, 카메라 부분이 다리에 닿아 플립(Meridian flip, 자오선 부근에서 적도의 적경/적위 방향을 반대쪽으로 이동)을 자주 해줘야 할 수도 있으므로 하프 피어를 적용하거나 상대적으로 간섭이 적은 피어를 사용하는 것이 편리합니다. 또한 가급적 높이가 낮게 제작된 삼각대나 피어가 바람의 영향을 적게 받습니다.

탑재 중량, 정밀도, 적도의 무게, 경제성 등을 모두 고려해 자신에게 맞는 적도의를 선택하여 준비하도록 합니다.

촬영을 위한 장비 세팅 예. 삼각대 하프 피어(좌), 피어 적용(우).

2 경통

촬영에 사용하는 장비들 중 천체망원경을 말합니다. 흔히 주 경통이라고 부르기도 합니다. 가이드를 위한 경통은 가이드 경통이라고 합니다.

모든 망원경은 고유의 초점거리를 가지고 있습니다. 초점거리는 대물렌즈에 입사한 빛이 렌즈의 중앙부를 통과한 지점에서 초점이 맺히는 부분까지의 거리를 말합니다.

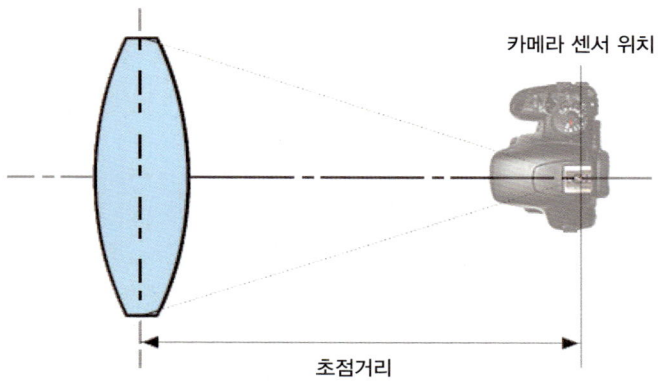

초점거리

초점거리가 길수록 배율이 높아져 대상이 크게 촬영되며, 그만큼 어둡고 시야가 좁아져서 이를 협시야(狹視野)라고 합니다. 반대로 초점거리가 짧을수록 배율이 낮아져 대상이 작게 촬영되며, 그만큼 시야가 밝아지고 넓어지는데 이를 광시야(廣視野)라고 합니다.

딥스카이 촬영에는 보통 초점거리 500~800mm 사이의 경통이 사용되며, 협시야로 대상을 더 크게 촬영하기 위해 1,000mm 이상의 경통이 사용되기도 합니다. 넓은 범위의 광시야 지역을 촬영하기 위해 500mm 이하의 경통이나 비교적 초점거리가 짧은 DSLR 카메라 렌즈를 광시야 촬영에 이용하기도 합니다.

굴절망원경은 대물렌즈 구경 크기가 약 90~130mm인 경통들이 촬영 및 차량으로의 이동에 적합합니다.

일반적으로 초점거리가 동일한 상황에서 경통의 구경이 크면 그만큼 상이 밝아집니다. 렌즈의 밝기를 이야기할 때, F수(F-number)로 대변할 수 있습니다. F수라는 것은 초점거리를 구경 크기로 나눈 값이며, F수가 작다면 그 값이 큰 것과 비교하여 밝은 경통으로 얘기됩니다.

예를 들면, 구경 120mm 경통의 초점거리가 900mm이면 F7.5가 됩니다. 동 초점거리로 구경이 100mm라면 F9가 되어 수치가 더 크므로 비교하여 더 어둡다는 것을 의미합니다.

딥스카이 천체사진 촬영에는 보통 F3~F8 범위의 경통이 사용됩니다. 너무 어두운 경통을 사용하면 긴 노출 시간으로도 디테일을 충분히 담아내기가 쉽지 않습니다.

망원경을 사용하는 딥스카이 촬영에는 고려해야 할 몇 가지 렌즈 수차가 존재하며, 이를 제거하기 위해서는 잘 설계된 경통을 선택해야 하고, 보정 광학계를 필수적으로 사용해야 합니다.

우리가 촬영하는 대상들은 색들의 집합으로 볼 수 있으며, 이는 곧 색상을 제대로 담아내는 것이 촬영에 있어서의 핵심이라고 할 수 있습니다. 경통의 대물렌즈로 사용되는 렌즈들은 빛이 통과하는 투명한 유리 소재로 되어 있고, 빛을 굴절시켜 초점을 형성합니다.

빛이 렌즈를 통과할 때 파장에 따라 굴절되는 각이 달라서 색상별로 초점이 맺히는 위치가 달라집니다. 파장은 눈에 의해 색상으로 확인됩니다. 다음 그림에서 보는 바와 같이 파장이 긴 붉은색일수록 작은 각으로 굴절되고, 파장이 짧은 청색일수록 큰

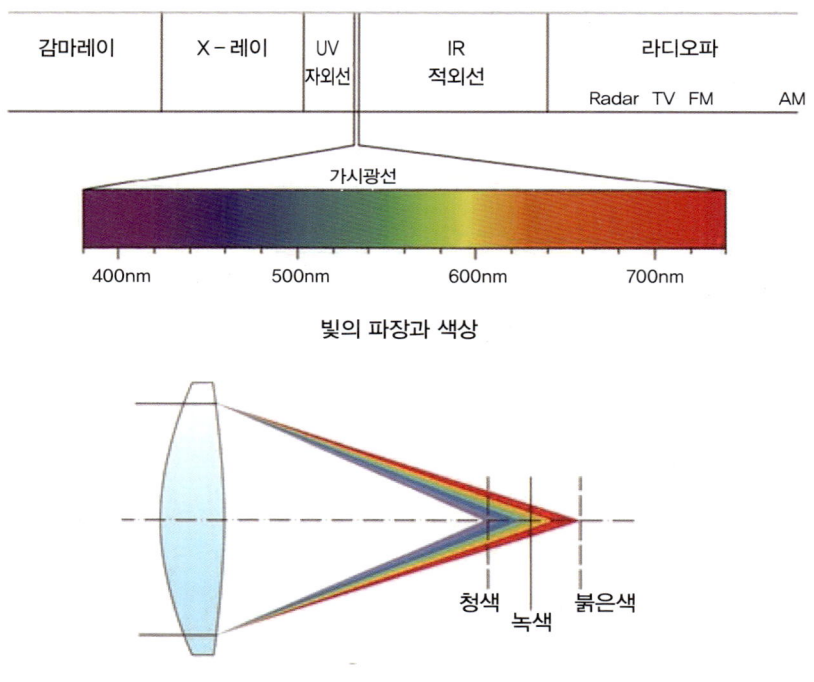

빛의 파장과 색상

빛의 파장(색상)별 초점 위치

각으로 굴절됩니다.

　차후에 다시 얘기됩니다만, 녹색 파장의 굴절률이 거의 중앙값이므로 모노 카메라에서 색상 필터를 사용할 때, 녹색 필터를 기준으로 초점을 맞추는 것이 필터 간 초점 변동을 최소화할 수 있는 방법입니다.

　이와 같이 파장별로 초점이 일치하지 않는 현상을 색수차(色收差, Chromatic aberration)라고 하며, 이 수차가 사진 속에 나타나면 대상이 흐리고 퍼져 보이며, 촬영된 이미지의 별들 주위에 특정 색상의 띠가 발생하는 등 색 균형이 잘 맞지 않게 됩니다.

이 색수차를 제거하기 위하여 망원경의 렌즈를 세 장으로 설계하는데, 세 장 중 한 장 이상의 렌즈를 ED(Extra Low Dispersion)나 SD(Super Low Dispersion), 또는 플로라이트(Fluorite, 플루오르화칼슘 형석) 같은 저분산 렌즈를 사용합니다. 이를 트리플릿 아포크로매틱(Triplet Apochromatic) 렌즈라고 하며, 흔히 아포(APO) 렌즈라고 부릅니다.

참고로 렌즈 두 장을 조합하여 만든 더블릿(Doublet) 아크로 렌즈나 더블릿 ED 렌즈는 사진용으로서의 색수차 제거 요건으로는 다소 부족할 수 있습니다. 사진 속에 충분한 디테일을 담아내기 위해서는 트리플릿 아포 경통이 유리합니다. 일본 Ohara(사)에서 생산하는 S-FPL51과 S-FPL53이 대표적인 ED 소재의 유리이며, 더 비싸고 특성이 좋은 재질이 있지만 가격과 성능의 절충점으로 최근에는 S-FPL53이 렌즈 제작에 주로 사용되고 있습니다. 렌즈를 여러 장으로 설계할 때, 서로 맞붙어 있는 렌즈들을 하나의 군(群, Group)으로 셈하고, 낱낱의 렌즈를 모두 합하여 매(枚, Element)로 셈합니다.

트리플릿 대물렌즈들 사이에 1.8~3mm 정도의 간극을 확보하여 3군 3매로 설계한 렌즈를 에어스페이스드(Air-spaced) 렌즈라고 하며, 이렇게 설계된 렌즈는 색수

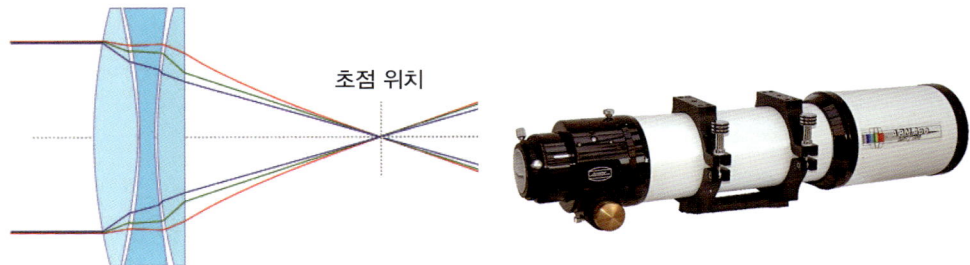

1군 3매 트리플릿 렌즈의 색수차 교정 예   트리플릿 렌즈 경통 예(APM 107/700 Triplet APO)

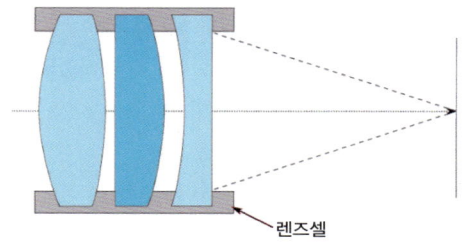

3군 3매 에어스페이스드 렌즈 예

차와 완전한 코마수차의 제거가 가능하다고 합니다. 또 이 간극을 오일로 채운 오일스페이스드(Oil-spaced) 렌즈는 경통의 냉각 시간이 짧아지고, 틈에 의해 발생될 수 있는 추가적인 자유 변수들에 의한 수차들을 완전히 제거할 수 있다고 합니다.

현재 몇 안 되는 고급 경통 제작사에서 오일스페이스드 렌즈를 적용한 경통을 제작하고 있습니다. 더블릿 렌즈가 2색 색수차의 제거를, 그리고 아포 렌즈가 3색 색수차의 제거를 목적으로 개발되었으며, 색수차를 잘 교정시킨 경통일수록 선예도가 뛰어나고 색상 표현에 유리합니다.

색수차를 교정시킨 렌즈라 하더라도 주변 상이 왜곡되는 현상이 나타납니다. 이를 제거하려면 보정렌즈를 사용하거나 왜곡을 보정시킨 펫츠발(Petzval Portrait) 식으로 설계된 경통을 사용합니다. 펫츠발 식 경통은 백포커스(Backfocus) 거리와 무관하게 초점만 맞추면 외곽 별상의 왜곡이 없는 사진의 촬영이 가능합니다.

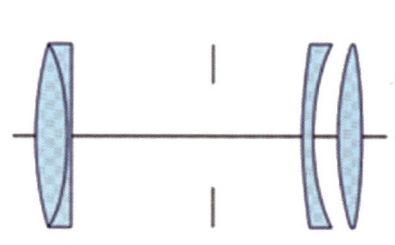

펫츠발 설계(Petzval Portrait), 1840

펫츠발 방식으로 설계된 경통 예(Takahashi FSQ-106ED)

보다 광시야 사진을 촬영하기 위해 초점거리를 줄여주는 리듀서(Reducer)라고 하는 보정 광학계를 사용할 수 있으며, 반대로 보다 협시야 사진을 촬영하기 위해 초점거리를 늘여주는 익스텐더(Extender)라는 보정 광학계를 사용할 수 있습니다.

초점 형성을 위해 거울이 사용되는 반사망원경은 색수차가 발생하지 않으며, 구경 대비 굴절망원경에 비해 저렴합니다. 하지만 부피가 크고 무거워서 굴절 경통에 비해 촬영과 이동에 불편할 수 있습니다. 사진용으로는 정밀도가 높은 주경과 사경이 적용된 경통이 좋습니다.

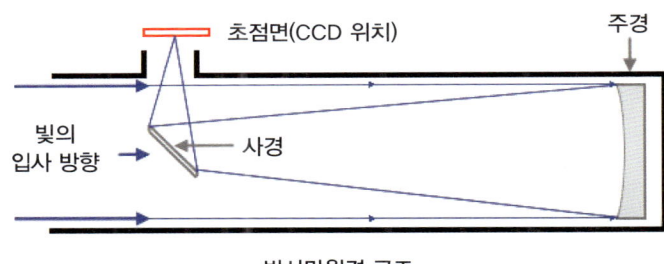

반사망원경 구조

반사망원경 경통 예   반사망원경 광축 조정 예

반사망원경의 주경 미러를 미러셀(Mirror cell, 거울의 틀)에 단단하게 고정시켜놓으면 미러가 스트레스를 받아 미세하게 뒤틀어져서, 촬영되는 이미지나 관측되는 별상이 찌그러지는 현상이 발생합니다. 특히 온도에 의해 미러가 팽창하면 더 심하게 나타납니다. 이런 현상을 방지하기 위하여 주경을 미러셀 위에 살짝 올려놓고 미러와 미러셀의 가이드 벽 사이를 약간 띄워서 유격을 주는 구조가 적용되어 있습니다.

반사망원경 미러셀과 거울이 장착된 모습

다양한 미러셀

이러한 구조로 인해 촬영 도중 경통의 방향이 서서히 서쪽으로 옮겨지면서 경통 속의 미러가 중력에 의해 움직이게 되는 미러 시프트(Mirror Shift) 현상이 발생할 수 있으며, 또한 다수의 반사광 경로로 인해 작은 충격에도 광축이 쉽게 틀어질 수 있다는 단점이 있습니다.

주경을 기준으로 오토가이드하는 방법인 비축 가이드의 시행으로 미러 시프트에 의한 영향을 줄일 수 있으며, 정교한 촬영을 위해서는 매 장비 설치 때마다 광축을 확인해서 수정해줄 필요가 있습니다.

광축 확인 및 조정을 위해 레이저 콜리메이터(Laser Collimator)와 체사이어 아이피스(Cheshire eyepiece)를 사용합니다.

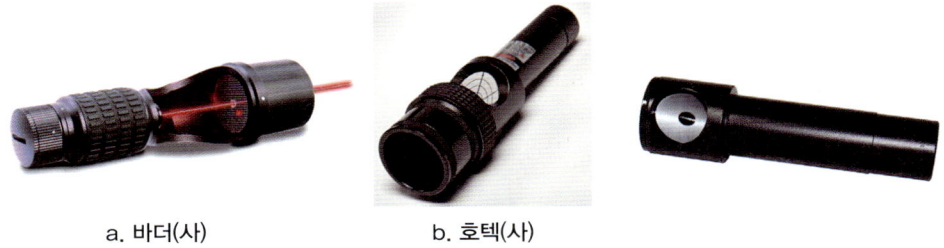

a. 바더(사) b. 호텍(사)

레이저 콜리메이터의 예   스카이워처(사)의 체사이어 아이피스

체사이어 아이피스는 망원경의 접안부에 삽입하여, 앞쪽 사진의 '반사망원경 광축 조정 예'와 같은 정도로 광축을 조정해주면 됩니다. 레이져 콜리메이터는 접안부에 삽입하고 스위치를 켠 후 사경 조정 볼트를 움직여서 주경의 정중앙에 위치한 원 안에 정확히 레이저가 도착하도록 해주고, 그 다음 주경을 움직여서 돌아온 빛이 콜리메이터에 그려져 있는 표적의 중심에 오도록 조정하면 됩니다.

주경 광축 조정 볼트는 보통 세 점으로 구성되어 있으며, 광축 고정 나사가 각 광축 조절 나사와 쌍으로 존재합니다. 따라서 광축 고정 나사들을 약간 풀어놓고 광축 조절 나사를 돌려 조정하고, 조정 후에는 광축 고정 나사를 다시 조여서 광축이 움직이지 않도록 고정시킵니다. 두 도구의 광축 조정 결과가 서로 다른 경우, 체사이어 아이피스의 신뢰도가 더 높다고 볼 수 있으므로 레이저 콜리메이터의 레이저 광축 정렬 상태를 확인해볼 필요가

레이저 콜리메이터 광축 확인용 지그

있습니다.

　레이저 콜리메이터 광축 정렬 여부의 확인 방법은 레이저 콜리메이터를 광축 확인용 지그에 올려놓고, 한 지점에 주사한 상태에서 콜리메이터를 한 바퀴 돌려보아 중앙의 위치에서 벗어나면 광축 정렬이 되어 있지 않은 것이므로 중앙에 오도록 수정해 줘야 합니다.

　보다 협시야 촬영을 위해 슈미트 카세그레인(Schmidt Cassegrain : SCT, 보정판 있음)이나 리치크리에티앙(Ritchey Chretien : RC, 보정판 없음) 같은 복합 광학계 경통을 사용하기도 합니다. 이들 복합 광학계는 초점거리가 무려 약 2,000mm에 이르러 은하나 고리 성운같이 아주 작은 대상들을 크게 확대하여 촬영하기에 적합합니다.

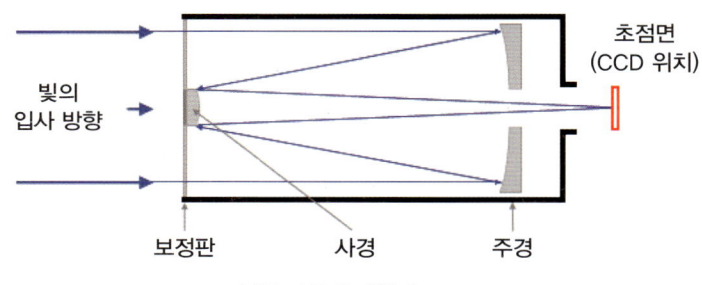

복합 광학계 망원경 구조

복합 광학계 망원경 경통 예　　복합 광학계 망원경 광축 조정 예

슈미트 카세그레인 경통은 경통 입구가 보정판으로 막혀 있어서 내부와 외부 공기의 온도가 일치하여 안정되는 시간인 경통 냉각 시간이 타 종류의 경통보다 더 소요될 수 있습니다. 경통이 냉각되지 않은 상태에서 촬영하면 상이 일그러져 사진의 디테일이 저하될 수 있으므로, 촬영 현장에서는 항상 충분한 경통 냉각이 이뤄진 후에 촬영을 시작하는 것이 좋습니다.

카메라를 부착하여 초점을 맞추는 부분인 포커서(Focuser)는 카메라의 무게에 의해 처지거나 앞뒤로 밀리는 현상이 발생하지 않는 견고한 포커서가 적용된 경통을 사용하는 것이 좋습니다.

여기서 '처짐(Tilting)'의 정도는 우리가 눈으로 식별하기 어려운 몇 밀리미터(mm) 정도로 처지는 것을 말합니다. 이런 정도의 휨으로도 촬영된 사진의 외곽 별상 찌그러짐 정도는 심각한 수준에 이를 수 있습니다.

포커서휠(Focuser wheel)에 10 : 1 마이크로포커서휠(Micro focuser wheel)이 적용된 제품은 일반 포커서휠의 1회전 대비 1/10의 비로 느리게 회전하여, 보다 정밀한 포커싱(Focusing, 초점 조절)이 가능하다는 이점이 있습니다. 기존 경통의 포커서휠을 그런 구조로 쉽게 개조할 수 있는 포커서휠킷(Focuser wheel kit)도 시제품으로 나와 있습니다.

10:1 마이크로포커서휠 적용 포커서 예

10:1 마이크로포커서휠킷 예

포커서의 처짐이나 밀림 현상으로 인한 스트레스에 지친 일부 유저들은 포커서 전문 제작회사에서 제작한 정밀하고 견고한 포커서 몸체(Focuser body)를 통째로 구입한 후 교체하여 사용하기도 합니다.

편리한 초점 조절을 위해 유선 리모컨을 사용할 수 있는 전동 포커서 타입으로 개조할 수도 있으며, 이 포커서는 모터 정지 상태에서 접안부가 중력에 의해 앞뒤로 밀리지 않는 포커서 고정 효과가 있습니다.

망원경 초점을 정확히 맞추기 위해 하트만(Hartmann) 마스크 또는 바흐티노프(Bahtinov) 마스크를 준비합니다. 대물렌즈 입구를 덮을 수 있는 둥근 검정색 소재를 구해서, 하트만 마스크는 다음 그림과 같이 구멍을 세 개 뚫어주면 되며, 바흐티노프 마스크는 아래 URL로 이동하여 자신의 경통 사양을 몇 가지 입력한 후, 경통에 맞는 마스크 이미지를 얻어서 제작합니다.

가급적이면 물에 젖거나 부러지지 않도록 PP 재질 같은 소재로 제작하는 것이 좋습니다. 초점 조절에는 너무 밝지 않고 약간 어두운 정도의 별을 이용합니다.

※ 바흐티노프 마스크 : http://astrojargon.net/MaskGenerator.aspx

바흐티노프 마스크와 정렬 과정

하트만 마스크와 정렬 과정

3. 보정렌즈

경통에 카메라를 부착하고 초점을 맞춰 대상을 촬영해보면 외곽 별상이 찌그러지는(Distortion) 현상이 사진에 나타납니다. 이 같은 현상을 보정해서 둥근 별상을 얻기 위해 리듀서(Reducer), 플래트너(Flattener), 익스텐더(Extender) 등의 보정 광학계(Corrector=보정렌즈)를 사용합니다.

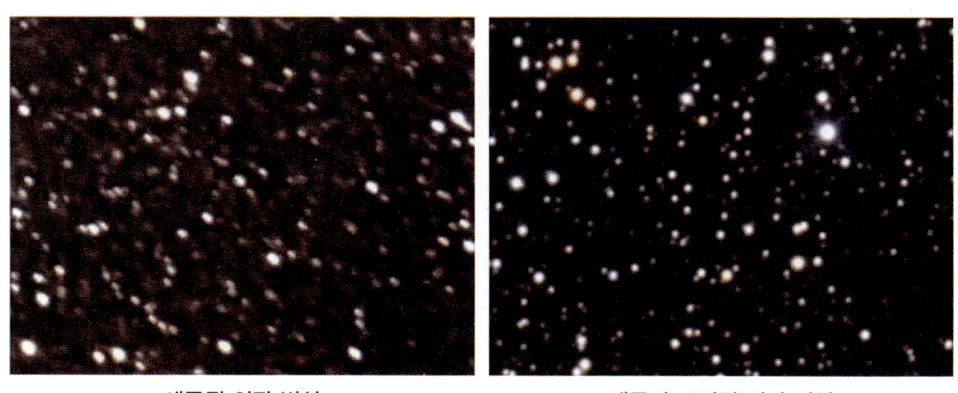

왜곡된 외곽 별상   왜곡이 보정된 외곽 별상

이러한 보정렌즈들을 사용하게 되면 외곽 별상이 보정됨과 동시에, 리듀서는 초점거리가 짧아져서 화각이 넓어지는 효과가 있으며, 플래트너는 초점거리의 변화가 거의 없거나 미세하게 변화되는 효과가 있고, 익스텐더는 초점거리가 길어져 대상이 확대되는 효과가 있습니다.

보정렌즈들은 렌즈 바디(Lens body, 렌즈를 고정한 알루미늄틀) 뒤쪽에서 초점 위치까지 유지시켜야 하는 백포커스(Backfocus=Flange back Distance) 거리가 존재하며, 이 거리를 0.1mm 단위로 정확히 맞춰줘야 보정 효과를 얻을 수 있습니다. 만약

이 거리를 정확히 맞추지 못하게 되면 사용하지 않았을 때보다 왜곡 현상이 더 심해지는 경우도 있습니다.

백포커스 유효 거리 내의 광로에 광해 필터, 색상 필터 등의 필터를 배치하게 되면 백포커스 거리가 길어지는 영향이 있습니다. 필터 두께를 Ft라고 하면, (Ft/3)mm만큼 백포커스를 더 길게 계산해줘야 합니다.

Canon(사)의 DSLR의 경우 카메라에 부착되는 렌즈에서 이미지 센서까지 44mm로 고정되어 있으며, 여기에 T링(두께 11mm)을 부착하면 55mm가 됩니다. 대부분의 보정렌즈들은 백포커스 거리가 55mm로 제작된 것이 많이 있습니다. 보정렌즈에 맞물려서 부착하기 위한 T링의 연결 구경 크기는 42mm(=M42 규격, Pitch는 0.75)이며, 이를 T-Thread(T-쓰레드)라고 부르기도 합니다.

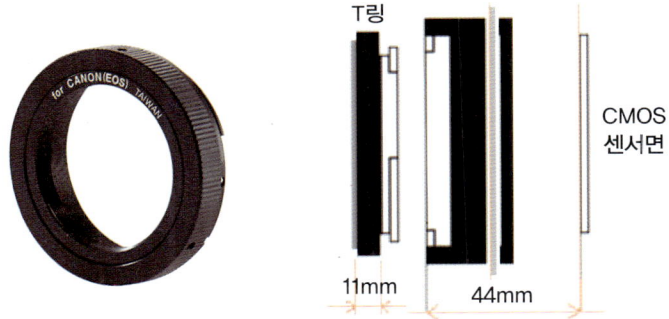

Canon(사) T링과 DSLR의 센서까지의 거리

광로를 좀 더 넓게 확보하기 위해 더 넓은 구경의 와이드 T링(Wide T-ring)을 사용하기도 합니다. 와이드 T링은 연결 구경이 M48 또는 그 이상의 구경 크기가 적용됩니다.

다음 그림은 Televue(사)의 대표적인 플래트너인 파라코어(Paracorr)입니다. 이 보정렌즈에 텔레뷰 이미징 어댑터(연장 두께 2mm)를 부착하게 되면 55mm의 백포커스가 형성되며, 초점거리가 약간 늘어나는 효과가 있습니다.

Televue(사)의 파라코어

텔레뷰 이미징 어댑터와 파라코어

Baader(사)의 MPCC와 Willam Optics(사)의 Type IV Reducer-Flattener 역시 55mm이며, 두 보정렌즈는 초점거리가 줄어드는 효과가 있습니다. 이처럼 범용 보정렌즈는 T링이 부착된 DSLR에 맞도록 약 55mm의 백포커스를 가지고 있습니다.

Baader(사)의 MPCC

Willam Optics(사)의 Type
IV Reducer-Flattener

Takahashi(사)의
TOA 전용 Reducer

자신의 경통에 사용하고자 한다면 보정렌즈 사양서를 참조하여, 사용할 수 있는 경통의 F수와 초점거리의 범위를 미리 확인하는 것이 좋습니다.

어떤 보정렌즈는 그것이 사용되는 망원경에 장착한 상태에서의 초점이나 화각을 확보하는 등의 이슈로 인해 백포커스 거리가 해당 경통에 맞춰 제작되어 있으며, 이를 전용 보정렌즈라고 합니다. Takahashi(사)의 보정렌즈들이 대부분 그렇게 제작되어 있습니다. 전용 보정렌즈들은 보정렌즈 또는 경통 사양서에 사용이 가능한 경통이 기재되어 있습니다.

보정렌즈들의 백포커스 유효 거리 시작 위치는 외형의 형태를 보면 쉽게 알 수 있습니다. 하우징의 끝이 바깥쪽 수나사산 형식으로 제작된 것은 나사산을 제외한 턱 부분이 시작 위치가 되며, 안쪽 암나사산인 경우에는 외형의 끝부분이 됩니다. 아래 그림에서는 모두 A 지점이 백포커스 시작 위치가 됩니다.

보정렌즈의 백포커스 거리 시작 기준

다음 그림은 백포커스 83.7mm 사양의 보정렌즈에 대해 백포커스 거리를 유지하여 냉각 카메라와 조합시킨 예입니다. 여기서 보정렌즈의 백포커스 거리는 보정렌즈 제작사에서 제공해주는 정보이며, 카메라의 하우징 입구에서 CCD면까지의 거리는 카메라 제작사에서 제공해주는 50.3mm입니다. 3mm 두께의 필터를 내장하여 사용하므로, (3×1/3=)1mm를 추가하여 전체 백포커스 거리는 84.7mm로 계산합니다.

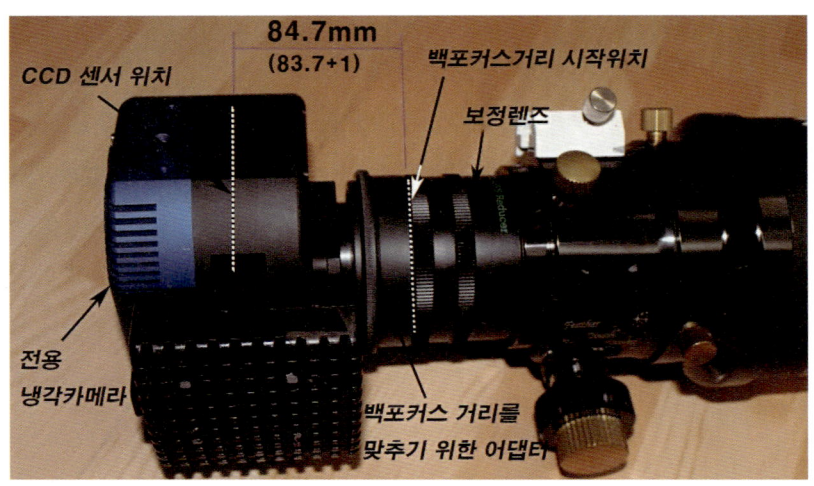

보정렌즈 사용을 위해 백포커스 거리를 맞춘 예

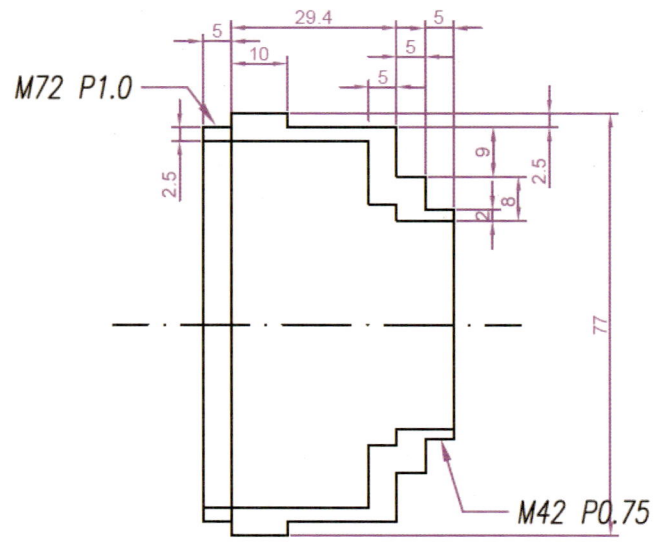

백포커스 거리 조정 어댑터 제작의 예

따라서 이들 정보를 이용하여 (84.7 - 50.3 =)34.4mm 스페이싱을 적용하게 되고, 보정렌즈와 맞물리는 구경 크기와 카메라와 맞물리는 구경 크기를 적용한 어댑터를 제작하여 구성합니다.

예제에서의 어댑터는 보정렌즈 쪽 연결부 구경이 M72(72mm, P1.0), 카메라 쪽 연결부 구경이 M42(42mm, P0.75)이며, 연장 길이는 위 계산 결과와 같이 34.4mm입니다. 어댑터는 보통 가볍고 튼튼한 소재인 알루미늄으로 제작하며, 난반사 방지를 위해 안쪽에 공 나사산을 내주고, 검정색 무광 아노다이징(Anodizing) 처리로 마무리합니다.

보정렌즈 제조사나 경통 제조사에서 카메라 제작사들의 각 카메라 제품들에 맞는 어댑터들을 미리 제작하여 판매하는 경우에는 자신이 갖고 있는 카메라에 맞는 어댑터 제품을 쉽게 구매하여 사용할 수도 있습니다. 다만 다른 두께의 필터를 사용하거나 비축 가이드 적용을 위한 두께 조절 등, 조합 사용하는 시스템이 원래와 달라지는 경우에는 직접 제작하여 사용해야 합니다.

4 열선

밤사이 내리는 이슬이 대물렌즈나 주경(또는 사경)에 맺히게 되면 촬영되는 이미지가 뿌옇게 번져 보이고, 밝은 별들에는 별 무리가 생깁니다. 이슬이 더 쌓이게 되면 물방울이 되어 흘러내리며, 이미지는 거의 촬영되지 않습니다. 오토가이드도 가이드 별이 보이지 않아 제대로 동작하지 않습니다.

이슬이 이미 렌즈 위에 쌓인 경우에는 제거하는 것이 어렵습니다만, 대물렌즈나 사경 부위에 열선을 설치하면 내리는 도중에 증발하게 되어 쌓이는 것을 방지할 수 있

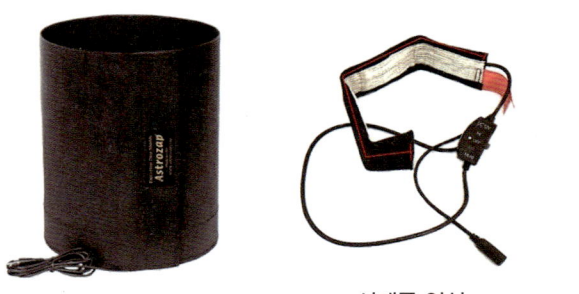

시제품 열선

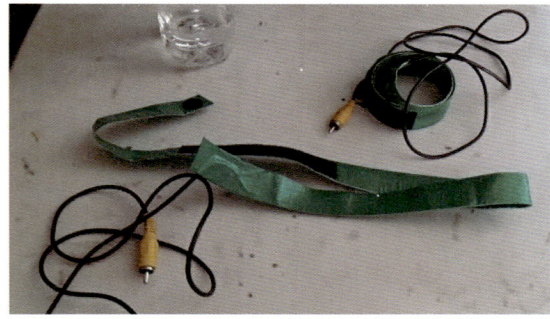

자작 열선

습니다.

  이슬 방지 열선(Dew heater)은 니크롬선(Nichrome wire, 저항선)에 DC 전원을 연결하여 열이 발생되도록 하는 장치입니다. 기성품으로 판매되는 것을 구입해서 사용할 수도 있겠습니다만, 제작 과정이 간단하고 재료비가 저렴하므로 직접 자작해서 사용하는 것이 보다 경제적입니다.

  열선 제작에는 약 0.2~0.5mm 굵기의 니크롬선이 사용됩니다. 니크롬선이 너무 가늘면 열선 제작이 쉽지 않고, 너무 굵으면 부드럽지 않고 뻣뻣하여 제작 후 사용하기에 다소 불편할 수 있습니다. 필자의 경험으로는 0.3mm 굵기가 적당합니다. 패드는 접착성이 강한 테이프를 사용하시는 것이 좋습니다. 천문 장비의 대부분이 12VDC 전압으로 동작하므로 12V용으로 준비하는 것이 여러 장비들을 함께 가동하는 데 있어서 수월합니다.

  니크롬선은 굵을수록 저항이 낮아져 열이 증가하고, 길이가 길수록 저항이 높아져 열이 감소합니다. 열선이 너무 미지근하면 이슬 방지 효과를 얻을 수 없는 경우가 있

니크롬선   연결도

고, 너무 뜨거우면 전기 소모량이 많아지고 접촉면 부위가 타버릴 수 있습니다. 테스터기로 측정하여 약 20~30Ω 정도가 되도록 하거나, 전원을 연결하여 손으로 잡아보아 약간 뜨거운 정도의 길이가 적합합니다.

패드의 길이는 열선을 두를 경통 후드 둘레와 열선 고정을 위한 접합부 길이를 합산한 길이로 제작합니다. 니크롬선을 패드 위에 구불구불하게 여백이 없도록 잘 펴주고, 니크롬선과 전선의 연결부의 처리는 전선을 니크롬선 끝부분에 몇 번 감아주고, 감아준 니크롬선 부분을 안쪽으로 한 번 접어주면 됩니다. 특히 내부에서 니크롬선끼리 합선되는 일이 발생하면 열량이 커질 수 있으므로 얇은 테이프로 니크롬선 전체를 한 번 감싸준 다음에 패드 위에 전개시켜주는 것이 안전한 방법입니다.

전개가 끝나면 니크롬선 몇 부분에 테이프를 붙여 패드에 고정시키고, 다시 한 장의 패드로 덮어줍니다. 패드에 부착할 접합부는 쉽게 구할 수 있는 벨크로(찍찍이)를 사용합니다. 전선 길이는 전원에서 부착 위치까지의 거리를 고려하여 여유 있게 결정하고, 배터리에 연결할 적당한 연결 잭을 만들어서 마무리해주면 열선 제작이 완료됩니다.

만약 니크롬선 대신 일반 전선을 사용하면 어떻게 될까요?
일반 전선은 저항이 거의 없어서 전원의 +/- 극성을 그대로 직결한 상태가 되어 일순간 많은 전류가 전선에 흘러 전선이 뜨거워지게 되고, 그 열로 인해 전선 피복이 타면서 화재가 발생할 수 있으니 주의해야 합니다. 적당한 열을 발생하게 하려면 적당한 저항을 갖는 저항체를 사용해야 하며, 이에 적당한 소재가 니크롬선인 것입니다.

설치 위치는 굴절 경통의 경우 경통 후드에서 대물렌즈나 약간 위쪽의 위치가 적당하며, 반사망원경의 경우 경통의 입구 쪽이 좋습니다. 특히 반사망원경의 경우에는 대부분 구경이 크므로, 가능하다면 전선을 스파이더(Spider, 사경을 잡고 있는 십자 모양 축) 위로 경통을 가리지 않게 잘 통과시켜 사경 위치에도 추가적으로 설치해주는 것이 좋습니다.

전원 입력 경로에 가변저항을 설치하여 상황에 따라 열량을 조절할 수도 있겠습니다만, 가변저항 없이 미리 체크한 열량 정도로만 제작해도 이슬 방지 성능에는 차이가 없습니다.

아주 가벼운 소재를 사용해서 후드를 연장시키는 방법도 이슬 방지에 도움이 될 수 있으며, 연장된 후드 위에 열선을 감아두는 것도 효과적입니다. 하지만 연장된 후드는 바람에 더욱 취약해질 수 있으니, 이 방법은 가급적 바람이 없는 날에 적용하는 것이 좋습니다.

다양한 열선 적용의 예

5. 카메라

앞서 언급한 내용과 같이 천체사진은 어두운 대상을 장시간 촬영하는 것입니다. 따라서 딥스카이 촬영을 위해서는 감도가 좋고 300초 이상의 노출이 가능한 카메라를 사용해야 합니다. 일반적인 DSLR 또는 비교적 고가인 천체 촬영 전용 냉각 카메라를 사용합니다.

인물, 풍경 등의 촬영에 흔히 사용되는 일반 DSLR들은 사진 속에 붉은색이 포화되는 현상이 발생하는 것을 방지하기 위하여 CCD 센서 앞쪽에 LPF(Low Pass Filter)를 장착하여 출시하고 있습니다. 이 LPF는 IR 반사 및 흡수층을 포함한 몇 개의 층으로 이뤄져 있으며, IR(Infra Red, 적색) 파장과 에너지가 큰 UV(Ultra Violet, 보라색) 파장 대부분의 투과를 차단하는 역할을 합니다. 그러나 천체 대상들에는 적색 파장 대역이 많이 분포되어 있어서 이러한 일반 DSLR로 촬영하면 잘 촬영되지 않게 됩니다.

이런 이유로 인해 카메라를 직접 분해하여 부착된 LPF 필터를 제거한 후 천체 촬영에 사용하시는 분들이 많습니다. 단순히 이 필터만을 제거한 카메라를 누드 DSLR이라고 합니다.

필터들은 초점거리를 길게 변화시킵니다. 따라서 이렇게 필터만을 제거한 경우에는 초점거리가 짧아지게 되므로, 보정렌즈를 사용한다면 백포커스 거리를 다시 확인해야 합니다. 이런 불편을 없애기 위해 필터를 제거한 자리에 동일한 두께의 CLS 필터 또는 유사 필터로 대체하기도 합니다.

CLS 필터의 특성은 그림과 같이 주로 광해 영역인 노란색 파장 영역의 투과를 차단하는 역할을 합니다.

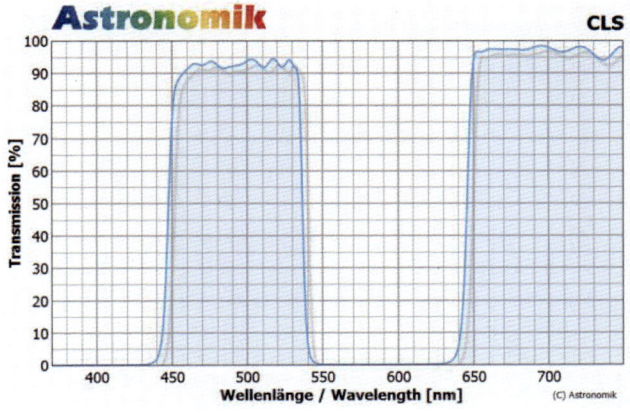

아스트로노믹(사) CLS 필터 투과 특성

일찍부터 Canon(사)의 DSLR 제품이 천체사진을 촬영하는 유저들에게 많이 사용되어져 왔고, 이 과정에서 유저들의 요구사항들이 카메라에 많이 반영되어 있는 것 같습니다. 특히 20Da 카메라는 모델명 뒤에 붙은 a가 Astro의 약자이며, 천체사진 촬영 전용 카메라입니다. 20D와 동일한 사양의 바디(Body, 본체)에서 아스트로 전용 카메라로 변경된 셈입니다.

아래 사진은 Canon 20Da 카메라로 촬영한 북아메리카 성운 사진입니다. 사진에는 성운의 적색 영역이 충분히 촬영된 것을 확인할 수 있습니다.

Canon(사) 20Da 카메라

Canon 20Da 카메라로 촬영한 북아메리카 성운 사진

장시간 정밀 추적을 유지시켜 대상이 흐르지 않도록 하는 것도 중요하지만, 장시간 노출에 따른 노이즈를 어떻게 억제시키느냐 하는 것도 천체사진 촬영에 있어서 중요한 문제입니다.

디지털카메라는 CCD 소자의 특성상 CCD 센서에 전원을 인가시키고, 시간이 흐르면 센서에 열이 증가하게 되어 그에 비례하는 많은 노이즈가 발생하게 됩니다. 물론 이미지 처리(Image Processing) 과정에서 이를 제거하기 위한 방법이 몇 가지 있습니다만, 원본 사진에 너무 많은 노이즈가 담겨 있다면 처리 과정을 통한 노이즈 제거도 의미를 잃게 됩니다.

이미지의 노이즈 제거 처리 과정은 노이즈가 발생한 점(Pixel)을 제거하고, 그 위치에 보간 알고리즘(Interpolation algorithm)을 통해 계산된 색상으로 점을 대체하는 방식입니다. 따라서 사진의 대부분이 노이즈라고 한다면 결국 대부분의 점들이 실제 이미지의 점들이 아니고 계산된 점이 될 것입니다.

주간 촬영에 있어서는 피사체가 충분히 밝아서 1초 이하의 순간적인 노출로 촬영이 가능하므로 발생되는 노이즈의 양이 극히 적겠습니다만, 밤에 이뤄지는 천체 촬영은 대상이 어두워 한 장에 300초 또는 그 이상의 노출 시간으로 촬영하게 되므로 생각보다 많은 노이즈가 발생하게 됩니다.

이에 카메라 내부의 CCD 센서 뒷면에 냉각 소자를 부착하여 온도 상승을 막아 노이즈를 극히 억제시킨 냉각 개조 DSLR 카메라가 등장하였고, 뿐만 아니라 여러 종류의 천체 촬영 전용 냉각 카메라들이 이미 시중에 나와 있습니다. 이런 DSLR 개조를 포함한 냉각 카메라에는 냉각을 위해 펠티어(Peltier) 소자가 사용됩니다.

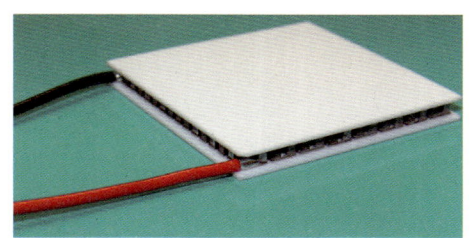

펠티어 소자

이 소자는 밀폐 챔버(Chamber, CCD 룸)로 구성될 경우 -20도 이하의 냉각이 가능합니다.

상온에서 펠티어 소자에 전원을 연결해서 냉각시키면 극심한 온도 차이로 인해 공기 중에 있는 습기가 소자 면에 맺혀 물이 흘러내릴 정도가 되고, 외부의 더운 공기로 인해 CCD는 냉각이 잘 이뤄지지 않습니다. 이런 현상으로 온도가 상이한 공기들이 서로 격리될 수 있도록 독립 챔버로의 구성이 필요할 수 있고, 치환된 열을 식혀줄 냉각팬 장착, 온도차에 의한 결로 현상 억제 등 해결해야 할 문제가 많아서 개인이 직접 개조를 시행하기에는 무리가 있으므로 시제품을 구매하여 사용하는 것이 좋습니다.

펠티어 구동을 하는 냉각 카메라는 많은 전류를 소모하므로 이를 감안하여 전원 장비의 용량에 부족함이 없도록 준비해야 합니다.

천체사진 전용 카메라는 보통 USB가 지원되어 PC와 연결할 수 있으며, 기본적으로 냉각 기능을 가지고 있는 냉각 카메라들입니다. 과다한 파장을 차단하는 LPF가 부착되지 않고, 광로상의 CCD 챔버와 외부와의 이격부에 UV 필터, IR 필터 또는 별도 코팅된 챔버 윈도우(Chamber window)가 유리 형태로 장착되어 있습니다.

컬러 카메라에는 컬러 CCD 센서가 내장되어 있습니다. 한 개의 CCD 센서에는 수많은 개수의 픽셀(점)들이 있습니다. 각각의 픽셀에는 돋보기처럼 빛을 한 지점으로 모으기 위한 픽셀 크기의 마이크로 렌즈와 그 아래에 색상을 구별하기 위한 색상 필터가 장착되어 있습니다. 인접한 네 개의 픽셀을 그룹 지어 각각 RGB 색상(단, G 색상은 두 개의 픽셀)을 담습니다. 이러한 구조를 Bayer Pattern(베이어 패턴, =Bayer Matrix)이라고 합니다.

Canon 카메라의 이미지 센서들에 적용되어 있는 Bayer 구조는 RGGB입니다. 컬러 카메라를 사용하고 있다면, 촬영 후 처리를 위해서 자신이 사용하고 있는 카메라의 Bayer 구조를 미리 확인해둘 필요가 있습니다.

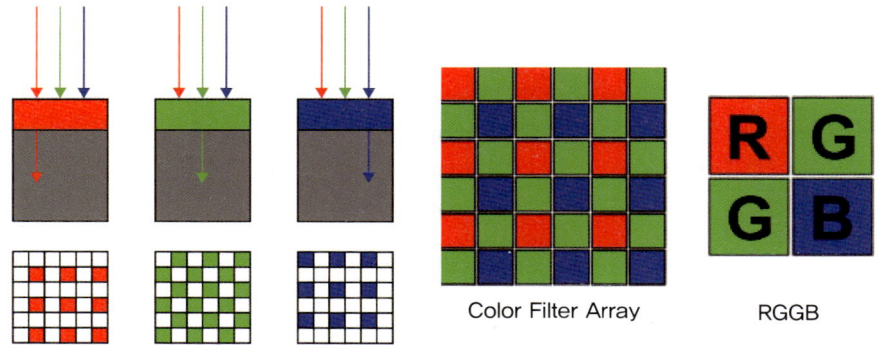

픽셀 색상 필터와 RGGB Bayer 패턴

빛이 카메라 내부로 들어와 센서 면을 거쳐 마이크로 렌즈에서 확대되어 각각의 픽셀에 설치된 고유 색상 필터로 걸러진 후, 포토다이오드(Photo diode)에 의해 광전자(光電子)로 변환되어 저장소(Potential well)에 저장됩니다. 축광이 완료되면 최종적으로 네 개의 픽셀이 하나로 조합되어 한 점의 컬러 픽셀이 생성됩니다. 즉, 한 점의 컬러를 담아내기 위해 네 개의 픽셀이 사용되는 셈입니다.

카메라에는 CCD(Charge Coupled Devices) 또는 CMOS(Complementary Metal Oxide Semiconductor) 센서가 탑재될 수 있는데, CMOS 칩은 CCD와 달리 셀마다 부가회로가 공간을 차지하고 있어서 CCD에 비해 빛을 검출하는 포토다이오드의 면

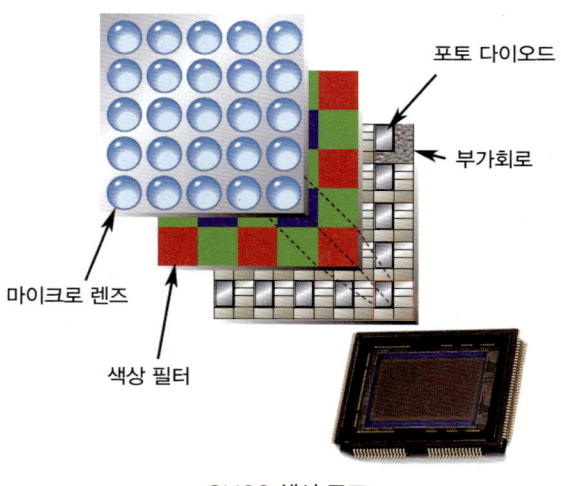

CMOS 센서 구조

적이 협소합니다(CMOS 센서 구조 그림 참조).

　컬러와 모노(Mono, 흑백) 두 종류의 카메라 모두 컬러 정보를 표현하기 위해서는 색상 필터가 필수적인데, 컬러 카메라는 이 필터가 CCD 센서 내부에 포함되어 있고, 모노 카메라는 CCD 센서 외부에 유저가 별도로 위치시켜야 한다는 차이점이 있습니다.
　모노 카메라에는 색상 필터가 없는 모노 CCD 센서가 내장되어 있으며, 컬러를 표현하기 위해서는 R(Red, 붉은색), G(Green,녹색), B(Blue, 청색) 파장의 색상 필터를 사용하여 각각 별도로 촬영한 후, 한 장의 컬러로 조합하는 작업이 필요합니다.
　이로 인해 컬러 카메라에 비해 촬영 시간이 더 걸리고 색상 필터에 대한 추가적 가격 부담이 있다는 단점이 있습니다만, 광량과 디테일이 증가되어 촬영된 이미지의 퀄리티는 컬러 카메라보다 우위에 있다고 할 수 있겠습니다. L(Luminence, 순수한 빛의 양) 필터를 추가로 사용하여 디테일을 더 증가시킬 수 있습니다.

　모노 카메라에 색상 필터들을 장착하여 촬영에 사용하기 위해서는 전동식 필터휠이 추가로 필요하며, 촬영 시에는 컴퓨터의 촬영용 프로그램이 필터휠을 제어하게 됩니다. 아예 필터휠을 카메라 내부에 내장시킨 모노 카메라 모델과, 비축 가이드를 위해 가이드 광로 확보용 프리즘까지 내장된 카메라 모델들도 이미 시중에 나와 있습니다.
　촬영에 사용할 색상 필터들은 파포컬(Parfocal, 초점이 모두 일치)이 지원되는 필터 세트를 사용하는 것이 촬영에 편리할 수 있으며, 대역 투과율이 좋은 필터가 색상 표현에 유리하다고 할 수 있습니다. 파포컬이 지원되는 필터라고 하더라도 약간씩의 초점 차이가 있을 수 있으므로, RGB 파장에서 초점이 거의 중앙값인 녹색 G 필터를 기준으로 초점을 맞추고 촬영을 시작하는 것이 좋습니다.

CCD 센서에 포함된 수많은 셀들 중에는 항상적으로 노이즈가 발생하는 셀이 있고, 또한 노출 시간이 길어지면서 상승하는 열에 의해서도 노이즈가 발생하는 셀이 있습니다. 냉각 카메라의 경우 CCD의 온도 상승을 억제하는 냉각 장치가 있습니다만, 그 양이 줄어들 뿐 노이즈는 잔존합니다. 이러한 노이즈들은 CCD 센서마다 그 발생 위치가 일정하여 고정적 패턴(Fixed pattern) 노이즈에 속하며, 이는 센서 별로 고유한 하드웨어적인 특성입니다.

촬영 노출 시간이 완료되어 셀 내부에 있는 저장소(Potential well)로부터 광전하가 차례로 읽혀질(Readout) 때와 아날로그 및 디지털 신호로의 변환 과정에서도 전기적인 영향으로 노이즈가 생성될 수 있으며, 이러한 종류의 노이즈는 발생하는 셀의 위치가 일정치 않은 불특정 노이즈(Random noise)에 속합니다.

CMOS 센서의 경우에도 셀 내부 부가회로에서의 변환 처리 과정에서 CCD와 동일하게 노이즈가 발생합니다. 노이즈들은 모두 CCD 카메라 내부에서 생성되어 디지털 이미지 데이터에 섞인 채로 PC로 전송됩니다.

고정적 패턴 노이즈는 빛을 차단하고, 촬영 이미지(Light frame)와 동일한 노출 시간과 온도로 촬영한 다크 프레임(Dark frame=노이즈 데이터)을 촬영한 후, 촬영 이미지에서 감산하여 제거합니다. 불특정 노이즈는 촬영 이미지의 각 장마다 노이즈의 분포나 양이 다르게 나타나므로, 여러 장의 이미지를 촬영하고 합성(Stack) 과정에서 차이가 있는 Pixel을 감산하는 식으로 제거하게 됩니다.

CCD 센서가 채용된 카메라의 경우 아주 밝은 대상을 촬영할 때, CCD 센서의 구조적인 특성으로 인해 밝은 빛을 받는 Pixel의 저장소가 데이터로 꽉 차서 일정한 방향(통상 수직 방향)의 인접한 Pixel로 넘쳐 흐르는 블루밍(Blooming) 현상이 나타나기도 합니다. 이미지를 PC로 전송한 후에 제거용 소프트웨어를 사용할 수도 있으나, Anti-Blooming 기능이 있는 카메라를 선택하는 것도 방법이 될 수 있습니다.

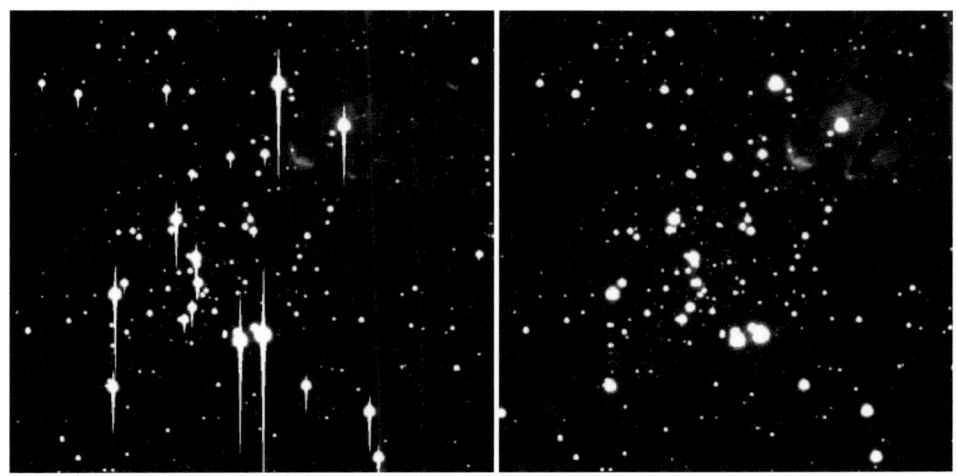

Blooming이 발생한 이미지(좌)와 제거된 이미지(우)

CCD 또는 CMOS 센서 표면에 부딪힌 광자(Photon, 빛의 입자)가 광전자로 검출되는 과정에 있어서 그 검출력을 QE(Quantum Efficiency, 양자 효율)라고 합니다.

100개의 광자가 부딪혔을 때, 100개를 모두 검출하여 광전자로 저장할 경우 센서의 양자 효율은 100%라고 할 수 있습니다. 그러나 아쉽게도 대부분의 센서가 갖는 최대 효율은 80% 이하입니다.

완성된 카메라의 화각과 사이즈, 그리고 무게에 있어서 촬영에 적합하여 최근 인기 있는 Kodak(사)의 KAF-8300 모노 CCD 센서의 경우 최대 효율이 55% 정도이며, H_a 채널에서는 약 43% 정도의 효율을 보입니다.

컬러 센서인 경우에는 셀에 대한 Bayer Matrix 구조로 인해 전반적인 감도가 모노 센서에 비해 떨어져서 단장 촬영에 보다 긴 노출 시간이 필요하게 됩니다.

다양한 냉각 전용 CCD 카메라

    컬러 카메라로 촬영된 이미지와 모노 카메라의 LRGB 필터를 사용하여 촬영된 이미지는 True Color(실 색상) 이미지입니다. 즉, 우리 눈으로 보이는 색상과 동일하게 촬영된다는 뜻입니다. 반면 모노 카메라에 $H_α$, $H_β$, He_2, N_2, S_2, O_3 등의 Narrow Band(협대역) 필터를 사용하여 촬영한 후, 마치 NASA 사진들처럼 색상을 조합하여 표현한 이미지를 False Color(假 색상) 이미지라고 합니다.

    협대역 필터는 특정 영역의 극히 좁은 대역만을 투과시키며, 이런 특성으로 촬영된 이미지로부터 추출된 데이터는 과학적 분석 자료로 활용되기도 합니다. 아마추어 천체사진 촬영에는 주로 $H_α$, S_2, O_3 세 개의 필터를 사용합니다.

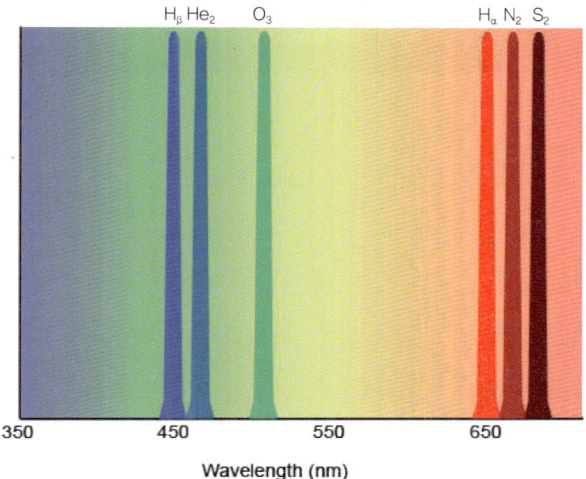

협대역 필터의 투과 특성

협대역 필터를 사용하여 촬영한 이미지 예

6 노트북

촬영 대상으로 적도의를 이동(Slew=Goto), 촬영(Capture), 이미지 저장, 오토가이드 진행 등 전반적인 촬영 진행을 위해서 노트북 컴퓨터를 사용합니다.

천체 촬영 대상의 고도와 위치 확인 및 대상의 이동을 위해 The Sky(유료), Starry Night(유료), Stellarium(무료) 등의 Sky Simulation(스카이 시뮬레이션) 프로그램을 사용하는 것이 촬영에 편리할 수 있습니다.

노트북에 직접 자신의 적도의를 연결해 프로그램과 서로 연동(Sync)시키고 이동(Slew)을 실행하여 촬영할 대상으로 적도의를 움직일 수 있습니다.

PHD Guiding(무료), MaximDL(유료) 등과 같이 가이드 기능이 있는 프로그램을

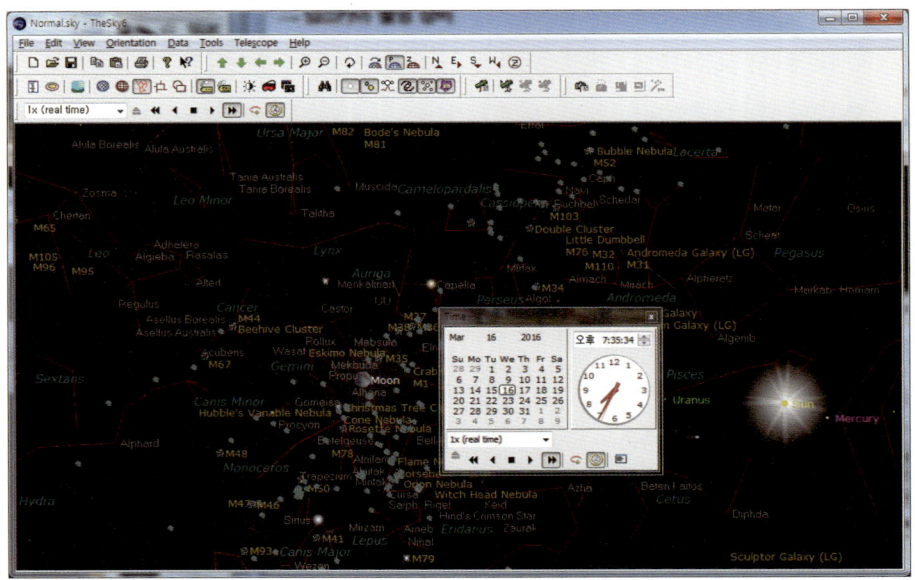

The sky 프로그램

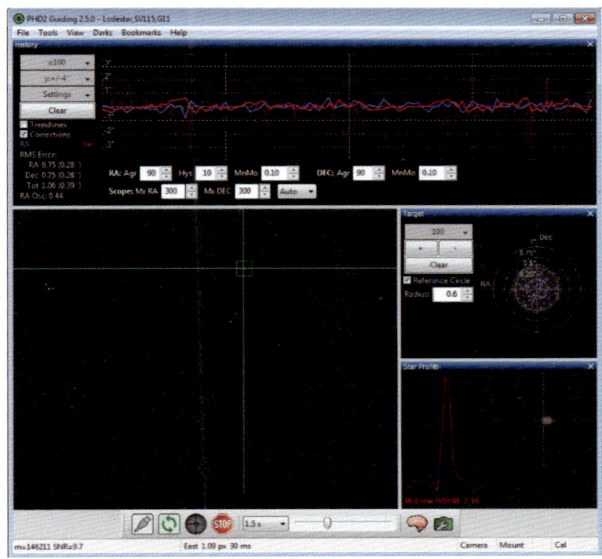

PHD Guiding 프로그램

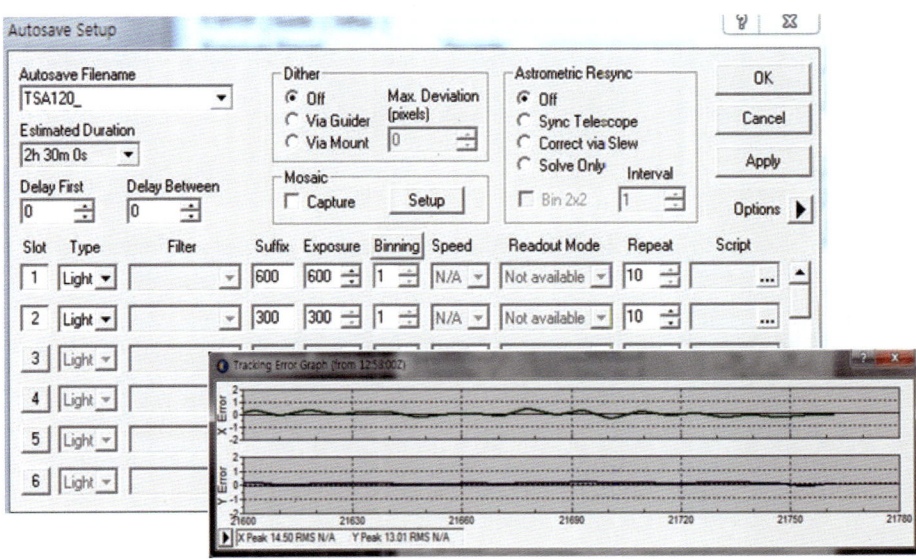

MaximDL 프로그램

2장 딥스카이 촬영 장비 69

실행하여, 연결된 가이드 카메라로부터 가이드 화면을 받아 오토가이드 진행을 합니다.

촬영용 카메라를 연결하고, MaximDL 또는 카메라 구매 시 함께 제공된 전용 촬영 프로그램을 이용하여 계획된 촬영 순서에 따라 스케줄링 촬영을 진행하고, 촬영된 이미지 데이터를 카메라로부터 전송받아 저장합니다.

만충된 노트북도 몇 시간 사용하면 전원이 부족할 수 있으므로, 이를 고려하여 추가적인 외부 전원을 준비하도록 합니다.

7 가이드 경통 및 카메라

오토가이드를 위해서는 약 60~80mm 구경의 경통을 사용합니다. 가이드경의 구경이 너무 작으면 상이 어두워서 가이드 별을 찾을 수 없는 경우가 있고, 너무 크면 무거워져서 적도의의 무게 부담을 가중시키는 결과를 초래합니다.

Orion(사)의 80mm 가이드경

가이드경의 초점거리는 적어도 주경의 1/3 이상 되어야 합니다. 가이드경의 초점거리가 너무 짧으면 촬영 내내 가이드가 정상적으로 진행되었다 하더라도 촬영된 사진에는 흐른 흔적이 나타나는 경우가 있을 수 있습니다.

주경과의 연결은 일반적으로 주경의 경통 밴드 상단에 도브테일 홀더를 설치하고 피기백 방식으로 연결합니다.

a. Meade(사)의 DSI   b. QHY5   c. Lodestar

가이드용 카메라

가이드 카메라는 CCD나 CMOS 센서 사이즈가 비교적 작고 밝은 Lodestar, QHY5, Meade DSI 등의 카메라들이 적합합니다.

주경의 광로 구석에 프리즘을 설치하고, 촬영에 사용되지 않는 외곽의 빛을 가이드용 이미지로 이용하는 비축 가이드(Off Axis Guide)를 생각해볼 수 있습니다.

비축 가이드는 별도의 가이드경을 사용치 않으므로 적도의의 무게 부담을 최소화할 수 있고, 가이드 초점 길이가 주경과 일치하게 되어 이상적인 가이드 결과를 얻을 수 있습니다. 다만 주경의 초점거리가 너무 긴 어두운(=F수가 큰) 경통이라면 촬영 대상에 따라 가이드 별이 보이지 않는 상황이 발생할 수 있고, 가이드 광로 시스템의 두께로 인해 보정렌즈의 백포커스 거리를 맞추는 것이 어렵거나 불가능해질 수 있습니다.

특히 광해가 많은 지역에서는 하늘이 밝아 가이드 별을 찾기 힘든 경우가 있으므로 어둡고 좋은 하늘로 가서 촬영하는 것이 좋습니다.

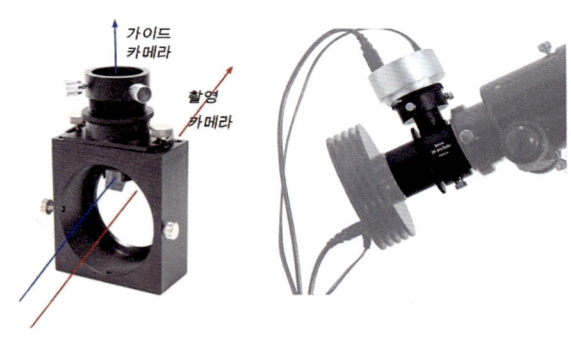

비축 가이드 시스템

가이드 시스템 세팅 예

8. 전원 장비

적도의/카메라/노트북/열선/USB 허브 등의 사용을 위해 시간당 약 10~15A의 전류로 8시간 이상 공급이 가능한 양의 배터리를 준비합니다.

대용량 화학전지 예

촬영지(관측지)에서의 계절은 7월과 8월을 제외하면 겨울과 다름이 없을 정도로 기온이 낮습니다. 기온이 떨어지게 되면 화학 배터리들의 반응력은 점점 떨어지고, 극저온의 상황에서는 거대한 용량의 배터리라고 하더라도 몇 시간 후에는 무용지물이 될 수 있으니, 사용 전에 용량, 충전 상태 등을 충분히 고려하여 완벽하고 철저한 준비가 필요합니다.

발전기와 릴, SMPS

화학전지에 대한 대안으로 소형 발전기를 생각해볼 수 있습니다.

발전기를 사용하는 경우, 소음을 고려하여 20~50m쯤 떨어진 곳에 설치하고, 릴 전선으로 전기를 끌어오도록 합니다. AC(교류) 전기는 DC(직류)와는 달리 전선에 의한 전압 강하가 심하지 않으므로 먼 곳에서 끌어와서 사용해도 무리는 없습니다.

발전기는 출력이 220VAC이므로 설치된 촬영 장비 근처에서 SMPS(산업용 고용량 어댑터)를 사용하여 12VDC로 변환하여 사용합니다.

각 장비의 입력 전압(Voltage)은 노트북 19V, DSLR 7~8V, 냉각CCD 카메라 12V, 열선 12V, USB 허브 5~12V, 적도의 12V(24V)가 일반적입니다.

기본 공급 전압을 12V로 하고, 필요한 경우 DC-DC 변환 어댑터로 변압해서 사용하도록 합니다.

자신만의 전원 분배용 박스를 제작하여 사용하면 편리합니다. 차량용 12V 시거잭은 진동에 의한 접촉 불량이 비교적 심하므로 유연한 플러그로 대체해서 사용하면 효과적입니다.

플러그의 요건은 어둠 속에서도 극성 오류 없이 체결이 가능하면서도, 잔진동이나

터치에도 접촉 불량이 발생하지 않고, 발길에 채일 정도의 힘이 가해지면 분리될 수 있는 것으로 선정하면 좋습니다. 센 힘이 가해지고 있는 상태에서도 연결이 유지된다면 플러그 부분의 파손이나 케이블의 단선이 우려될 수 있으므로 그런 상황에서는 플러그가 분리되는 것이 낫습니다.

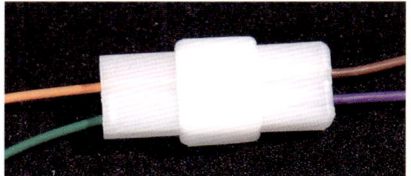

DC-DC 변환 어댑터 예

플러그 예

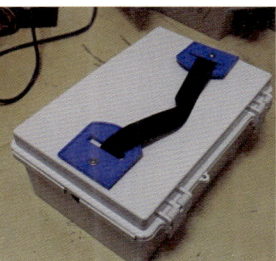
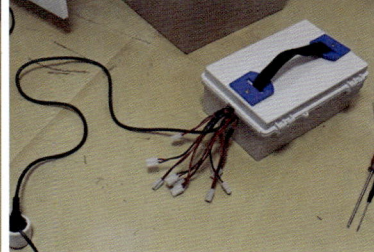

전원박스 제작 예

9. 연결 어댑터와 케이블

촬영자마다 사용하는 경통, 적도의, 카메라 등의 장비들이 모두 달라서 사진용으로의 완전한 결합 방법은 정해진 표준이 없습니다. 되도록이면 가벼우면서도 튼튼하게 결합되도록 하는 것이 좋습니다.

  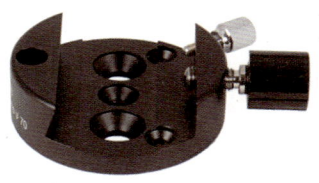

경통 밴드 　　　　　상/하판이 조립된 경통밴드 　　　　　도브테일 홀더

경통 밴드(Band, 경통을 둘러 묶는 띠)가 경통 구매 시 포함되어 있지 않았다면 경통 튜브(Tube, 경통의 몸통)의 구경에 맞는 크기로 제작하거나 기성품을 구매하여 준비합니다.

하판은 적도의 부착을 위한 나사 홀과 경통 밴드 부착을 위한 나사 홀의 위치를 고려한 플레이트로 설계해서 제작합니다. 편리를 목적으로 준비한다면 도브테일(Dovetail, 비둘기 꼬리 형태의 체결 어댑터)이나 로즈만디(Losmandy, 도브테일보다 넓고 납작한 형태의 체결 어댑터) 방식의 플레이트를 준비할 수 있겠으나, 무게 절감과 튼튼한 고정을 고려한다면 알루미늄 판으로 직접 제작하는 것이 좋습니다.

상판은 위쪽에 가이드 경통을 피기백할 수도 있으므로 도브테일 홀더 같은 부품을 부착할 수 있도록 홀을 추가하여 제작하는 것이 좋습니다.

 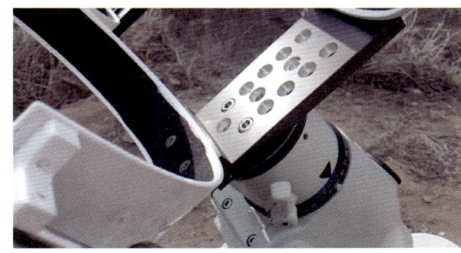

직결형 적도의 헤드(좌)와 적도의에 직결한 경통밴드 하판(우) 예

 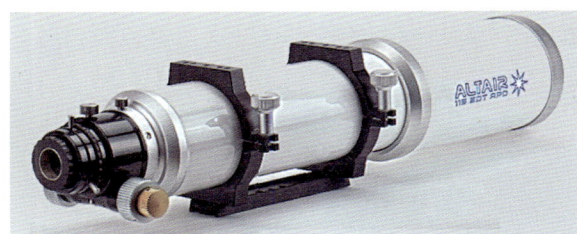

도브테일 방식의 적도의 헤드(좌)와 하판 적용(우) 예

적도의 헤드는 여러 가지 타입이 있으며, 적도의 옆면의 무두 나사를 풀어내고 분리하면 헤드의 선택적인 교체가 가능합니다.

다양한 유형의 적도의 헤드(좌)와 헤드를 교체한 적도의(우) 예(출처 : Admaccessories)

천체 장비들의 체결에는 M3, M4, M5, M6, M8과 같은 규격 나사와 삼각대에 많이 사용되는 1/4인치 볼트 나사가 주로 사용됩니다. 강도 확보 차원에서 모두 은색 SUS304 스테인리스 재질의 렌치 볼트를 사용하는 것이 좋습니다. 대부분 밀리미터(mm) 규격이 적용됩니다만, 일부 부품에 인치(inch) 규격이 사용되기도 합니다. 인치 규격과 밀리 규격 나사는 피치(Pitch, 나사산의 간격)가 달라서 서로 호환이 되지 않으니 홀의 규격을 잘 확인해서 사용해야 합니다.

경통 밴드와 상/하판의 연결에는 가급적 볼트 머리가 낮은 둥근머리 M6 렌치 볼트를 사용하는 것이 좋습니다. 도브테일 마운트를 사용하지 않고 적도의에 경통 밴드의 하판을 직결하는 경우에는 보통 M8 규격의 렌치 볼트가 사용됩니다.

경통에 보조 광학계와 카메라까지 완전히 맞물리게 세팅하고자 할 때, 간혹 구경 크기가 서로 맞지 않을 수 있습니다. 이런 경우에 서로 맞는 구경으로 변환해주는 구경 변환 어댑터의 제작이 필요할 수도 있습니다. 어댑터 간 틸팅(Tilting, 처짐) 없이 견고한 체결을 하고자 한다면, 나사산 체결 방식으로 조합하는 것이 좋습니다.

보조 광학계의 백포커스 거리를 확보하는 과정에서 같은 구경으로 길이만을 늘려주기 위해 준비한 연장통의 길이가 정확히 맞지 않을 수 있으며, 이럴 경우를 대비하여 길이 가변형으로 제작해두면 차후 장비 변경 시에도 대응이 유연해질 수 있습니다. 물론 가능한 경우 구경 변환 어댑터도 가변형으로 준비하면 좋습니다.

길이 가변형 연장통 예

서로 조합 체결하여 사용한 어댑터나 연장통들이 센 힘으로 맞물려 풀리지 않는 경우에 벨트렌치(Belt Wrench)를 사용하면 어댑터 외부의 흠집 걱정 없이 깨끗하게 분리해낼 수 있습니다.

촬영을 위해 최종 세팅된 경통에서 PC까지의 거리가 멀어서 다소 길이가 긴 USB 케이블을 준비할 수도 있겠습니다만, USB 케이블은 어느 정도의 길이를 넘어서면 신호가 약해져서 패킷 전송 실패(Send fail)에 따른 재시도(Retry) 과정의 반복으로 인해 통신 속도가 느려지고, 심한 경우 접속이 불안정해질 수 있으므로 되도록이면 1.8m 길이 이하의 USB 케이블을 사용하는 것이 좋습니다.

필자의 경험에 비추어 추천 드리는 방식은 적도의를 받치고 있는 삼각대(또는 피어)의 상단에 USB 리피터(USB 신호 증폭기)나 유전원 USB 허브를 장착하고, 그 위치를 경유하여 카메라 및 가이드 카메라에 USB 케이블을 연결하도록 하는 것입니다. USB 허브나 리피터는 전원을 꼭 넣어주어야 신호가 감쇄되어 연결이 끊어지는 일이 줄어 듭니다.

유전원 USB 리피터 예

4포트 유전원 USB 허브 예

A to B USB 케이블 예

3장
딥스카이 사진 촬영 / MaximDL, PHD

이 챕터에서는 천체 촬영 장비들을 설치하고 촬영하는 과정을 설명합니다. 촬영에는 MaximDL(유료) 프로그램, 오토가이드에는 MaximDL과 PHD(무료) 프로그램을 사용합니다.

DSLR 카메라의 촬영에는 BackyardEOS(유료) 프로그램이 많이 사용됩니다. 촬영에 카메라 구매 시 제공되는 번들 프로그램을 사용할 수도 있겠습니다만, 종국에는 섬세한 촬영이 가능한 MaximDL을 사용하는 경우가 많으니 가급적이면 처음부터 MaximDL을 준비해서 사용법을 익히는 것이 좋습니다.

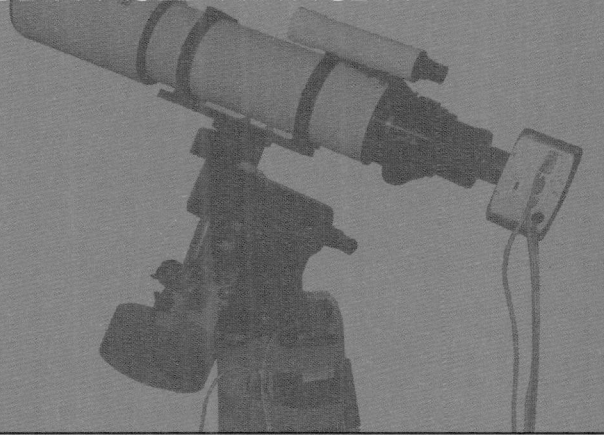

1 좋은 천체사진이란?

1) 별상이 동심원일 것

딥스카이 사진을 촬영해보면 사진 속에 항상 많은 별들이 함께 촬영됩니다. 이 별들의 형상은 잘 촬영된 사진인지, 그렇지 않은지의 여부를 판단하는 중요한 척도가 될 수 있습니다.

a. 사진 속의 모든 별들이 동일한 방향으로 찌그러져 있다면 가이드 상태를 확인합니다. 이러한 현상을 "별이 흘렀다"고 얘기합니다. 가이드 상태를 점검해서 정상적인 가이드가 진행될 수 있도록 조정하는 것이 가장 기본적입니다.

b. 보정렌즈를 사용하는 상황에서 중심의 별들은 동심원인데 네 면의 외곽 귀퉁이의 별들이 동일한 수준으로 왜곡되어 있다면, 보정렌즈의 백포커스 거리가 정확한지 다시 확인합니다. 필요한 경우 거리 확보를 위한 연장통이나 어댑터를 수정합니다.

c. 두 면의 외곽 별상이 동일한 수준으로 왜곡된다면, 광학계의 경로에서 틸팅이 발생하는지 확인합니다. 이 경우에는 천정 부근을 촬영한 후, 별상을 확인해서 왜곡이 발생하지 않는 것이 확인되면 경통의 틸팅이 원인이므로, 기울어지는 부분을 확인해서 수정합니다. 만약 천정 부근을 촬영한 사진에서도 두 면이 왜곡되는 현상이 동일하게 나타난다면, 카메라 바디의 수평 불량 또는 CCD 센서의 수평 불량일 수 있습니다. 카메라 쪽의 불량인 경우에는 구매처에 수정이나 교환 의뢰를 하도록 합니다.

d. 초점을 정확히 맞춰서 촬영한 경우에도 또렷하지 않고 흐린 별상이 촬영되거나 동심원의 별상이 촬영되지 않았다면 렌즈의 불량을 의심해볼 수 있으므로, 이 경

우에도 구매처에 망원경 경통의 점검을 의뢰하고, 필요 시 경통을 교환하는 것이 좋습니다.

2) 사진 속에 R, G, B 색상의 별이 골고루 담겨 있을 것

최종 처리 과정을 마친 사진 속에는 R, G, B(단, 녹색 G 파장은 희박) 색상을 가진 별들이 골고루 표현되어 있어야 좋은 사진이라고 할 수 있습니다.

a. 별들이 전체적으로 한 가지 색상 계열로 치우쳐 있거나, 별 주위에 특정 색상의 띠가 나타난다면 처리 과정을 재확인하거나, 색수차가 발생하는 경통이 아닌지 확인해서 필요하다면 경통의 교체를 고려해야 합니다.
b. 전체적으로 흰색 별들만 존재한다면 색상 표현이 부족한 것이므로 처리 과정에서 색상을 잘 살려내야 합니다.

3) 노이즈가 적절히 제거되어 있을 것

천체사진은 노이즈와의 전쟁이라고 해도 과언이 아닙니다. 노이즈가 잘 제거되어 있어야 좋은 사진이라고 할 수 있습니다.

a. 냉각 카메라의 경우 카메라의 냉각 장치를 가동하고 저온으로 촬영을 진행하여 기본적인 노이즈가 억제되도록 합니다.
b. 가능한 많은 장수를 촬영하여 합성합니다. 많은 장수의 사진들은 불특정 노이즈를 제거하고 디테일을 살려내는 데 효과적입니다.
c. Bias, Dark 이미지를 촬영하여 캘리브레이션(Calibration) 과정에 적용합니다. Bias와 Dark 이미지를 이용하면 CCD 센서의 고정적 패턴의 노이즈를 제거할 수 있습니다. 한 세트를 촬영해두면 1년 이상 사용이 가능하며, 광학계가 변경되

면 Flat을 다시 촬영하고, 카메라가 변경되면 Bias, Dark, Flat을 모두 다시 촬영합니다.

4) 비넷이 제거되어 있을 것

비넷(Vignette)은 렌즈에서 CCD 면까지의 경로에서 경통의 충분한 광로가 확보되지 않아 외곽 부분의 빛이 차단되어 발생하며, 이미지의 중심부는 밝게 촬영되고, 외곽 부분은 어둡게 촬영되는 현상입니다.

a. 광해가 심한 장소에서는 하늘이 밝아서 비넷이 더 심하게 나타나고, 어두운 장소에서 촬영하면 비넷이 잘 나타나지 않으므로 가급적 어둡고 깨끗한 하늘에서 촬영합니다.
b. Flat 이미지를 촬영하여 캘리브레이션 과정에서 제거합니다. Flat 이미지의 촬영은 비넷을 제거하는 데 그 목적이 있습니다.
c. 경통의 구경 크기에 비해 극히 작은 구경의 연결 어댑터가 적용되어 광로가 좁아져 있다면, 전체적인 광로의 크기를 재확인하고 필요한 경우 더 큰 구경의 어댑터

비넷이 남아 있는 사진

비넷이 잘 제거된 사진

를 제작하여 적용합니다.

5) 배경이 적절히 살아 있을 것

천체사진에서의 검은 배경은 완전히 아무것도 없는 검은 색상이 아닙니다. 배경도 색을 가진 대상의 일부이고, 배경이 잘 표현되어야 좋은 사진이라고 할 수 있습니다.

배경에 나타난 암흑 성운

a. 충분한 노출 시간을 확보해서 촬영합니다. 충분한 노출로 촬영된 사진에는 배경이 살아나고, 보이지 않던 암흑 성운이 나타날 수도 있습니다.

b. 여러 장 촬영합니다. 여러 장을 촬영하여 합성하면 그만큼 배경이 부드러워집니다.

6) 과처리(과보정)가 되어 있지 않을 것

처리 과정에서의 무리한 보정은 오히려 이미지 손상을 초래할 수 있으니 촬영된 사진의 처리 작업은 기본적인 퀄리티를 넘지 않는 수준에서 마무리되어야 합니다.

a. 천체사진을 처음 처리하는 상황이라면 마음이 앞서는 경향이 있어 십중팔구 과하게 처리하게 됩니다. 여유를 가지고 각 과정에서의 결과를 확인하면서 진행하도록 합니다.

b. 처리 과정의 이미지 처리 상태도 별상을 기준으로 확인합니다. 과한 처리가 적용되면 별이 포화되거나, 중심부와 경계 부근의 윤곽이 자연스러운 그라데이션

(Gradation, 부드러운 변화)이 유지되지 않고 또렷해지는 앨리어싱(Aliasing)이 발생합니다.

c. 전체적인 색감이 특정한 색에 치우쳐져 있지는 않은지 확인합니다. 색상을 살려내는 과정에서 옵션들을 무리하게 조정하다 보면 전체적인 색상 균형이 무너질 수도 있으니 주의해야 합니다.

앨리어싱이 발생한 별

2 촬영 방해 요소와 대처

1) 날씨

좋은 사진의 촬영이 가능한 하늘은 맑은 하늘입니다. 출사 전에는 항상 촬영 지역의 날씨에 관심을 가지고 미리 확인해봐야 하며, 비가 예상된다면 촬영을 다음 기회로 미루는 것이 좋습니다. 구름, 안개, 박무가 있는 날은 가이드 별이 잘 보이지 않아 촬영을 진행하기가 쉽지 않으며, 그것들에 의해 지상의 광해가 다시 지상으로 반사되면서 증폭되어 촬영된 사진에는 비넷이 증가하고, 디테일이 대폭 감소되므로 이러한 날들도 촬영을 피하는 것이 좋습니다.

2) 월령

달이 밝은 날은 달 자체가 큰 광해의 광원이 될 수 있으므로 촬영을 피해야 합니다. 한 달 중에 달이 없는 월령 0일을 기준으로 전후 5일 정도가 달의 방해를 피해서 좋은 사진을 촬영할 수 있는 날입니다.

월령 0일 기준 달의 크기

3) 로컬(Local, 비교적 가까운 거리) 광해

촬영 장소에 직접적으로 보이는 가로등이 있다면 촬영지로서는 적합하지 않으므로

그러한 장소는 피하는 것이 좋습니다. 촬영 도중 차량을 여닫을 때 켜지는 도어램프나 실내등, 장비 주변의 USB 허브 등에서 새어나오는 크고 작은 불빛들은 촬영하고 있는 사진에 비넷으로 나타나거나 색상 균형에 좋지 않은 영향을 주게 됩니다. 보기에는 그리 밝지 않아서 지장이 없을 것으로 보이지만, 고감도 카메라의 장노출 촬영에는 충분히 영향을 줄 수 있으니 검정색 전기절연테이프나 시트지 등으로 꼼꼼하게 막아서 그러한 불빛을 모두 제거하는 것이 암적응에도 도움이 되고, 좋은 사진도 촬영할 수 있습니다.

4) 촬영지에서의 바람

촬영지에서 부는 바람은 오토가이드에 악영향을 끼치게 되므로 불어오는 바람을 피할 수 있는 방법들을 최대한 활용해야 합니다. 관측지에 도착하면 가장 바람이 없는 최적의 위치를 선정하여 장비를 설치합니다. 한두 방향에서 불어오는 바람은 자동차로 어느 정도 막을 수 있으므로 설치 시에 바람을 고려해서 차량을 배치하는 것이 좋습니다.

가능하면 바람을 막을 수 있는 바람막이 장비를 추가로 준비해서 활용하는 방법도 효과적입니다.

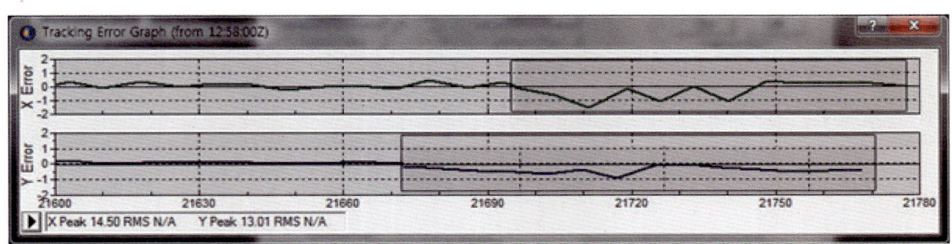

바람의 영향이 나타난 가이드 그래프

바람막이의 사용 예

5) 사람의 이동에 따른 잔진동

촬영 중인 장비의 주위에 사람이 이동하면 그 진동이 가이드에 영향을 줄 수 있습니다. 촬영이 시작된 후에는 장비 주위에 불필요한 사람의 접근을 차단하는 것이 좋습니다.

6) 전기 장비의 전선들

정돈이 되지 않은 전선들이 장비에 걸리거나 바람에 흔들리면 가이드에 영향이 있을 수 있습니다. 설치 시 전선들이 흔들리지 않도록 여유 있게 잘 정리해둡니다. 촬영 카메라와 가이드 카메라의 USB 케이블, 전원 선들은 경통의 중심 쪽으로 이동시키고, 중심에서 수직으로 내려주는 것이 좋습니다.

7) 삼각대 다리와 지면

대부분의 삼각대는 미끄러짐을 방지하기 위해 끝부분이 뾰족한 형태로 만들어져 있습니다. 아스팔트 도로나 콘크리트 위에 장비를 설치하는 경우에는 문제가 없지만, 흙 바닥에 설치하는 경우에는 이 끝부분이 촬영 장비들의 하중으로 인해 서서히 땅속으로 박혀 들어가는 현상이 있을 수 있습니다. 약 5mm 정도만 들어가더라도 사진들 간의 앵글 차이는 무시할 수 없는 수준이 됩니다. 장비 설치 시에 지면과 삼각대 사이에 돌이나 받침목 등 단단한 구조물을 배치하여 이러한 현상을 사전에 예방하는 것이 좋습니다.

삼각대의 다리

3 좋은 천체사진 촬영 요건

1) 어두운 곳에서 촬영 ★

디테일과 색상이 잘 표현된 좋은 사진을 촬영하고자 한다면 어둡고 좋은 하늘로 이동하는 것이 좋습니다. 광해가 많은 대도시 기준으로 2시간 이상 떨어진 장소가 적합합니다.

하늘이 깨끗하고 광해가 없는 장소에서 촬영된 사진은 이미지 처리 작업이 거의 필요 없을 정도로 좋은 사진이 촬영됩니다. 이는 좋은 사진 촬영의 가장 중요한 요소라고 할 수 있습니다.

2) 철저한 촬영 준비 및 확인

사진의 퀄리티는 촬영과 동시에 결정됩니다. 촬영 전에 적경, 적위축의 무게 균형을 확인하고, 극축을 정밀하게 정렬하고, 초점을 정확하게 맞추는 등 모든 사항을 꼼꼼하게 재확인합니다.

3) 다수 장 촬영

하나의 촬영 대상에 대해 최대한 많은 장수를 촬영하여 합성하는 것이 노이즈를 감소시키고 디테일을 살려내는 좋은 방법입니다. 전체 처리 순서에서 이미지의 변화가 가장 많은 과정이 합성(Stacking) 과정입니다. (뒤 페이지 그림 참조)

M3 촬영 원본 → 캘리브레이션 후 이미지

20장 합성 → 남은 비넷 제거

최종 처리 결과

4 첫 촬영 권장 딥스카이 대상

밤하늘에는 촬영 대상들이 많이 있습니다. 딥스카이 대상들은 오래전부터 현재에 이르기까지 천체 관측을 해왔던 과학자들에 의해 발견되어 하나씩 목록으로 정리되어 있습니다.

가장 먼저 프랑스의 천문학자인 샤를 메시에(Charles Messier, 1730~1817)가 자신이 진행하던 혜성 발견 작업에 방해 요소가 되는 딥스카이 대상들을 찾아내서 110개(M1~M110)의 이른바 메시에 목록(Messier Catalog)을 만들었으며, 그 이후에 망원경이 점차 발달하면서 보다 어두운 대상들을 포함한 NGC 목록(New General Catalog)과 IC 목록(Index Catalog)이 등장했습니다.

그 외에도 성운, 성단, 은하, 밝은 것과 어두운 것 등 각각의 특성별로 정리된 수많은 목록들이 있습니다. 겹치는 대상들도 있지만, 아마 이 많은 목록들을 모두 촬영하는 것은 생각보다 많은 시간이 소요될 것으로 보입니다.

여기에 촬영할 대상들을 몇 개 추천합니다. 대상들의 촬영 시작 시간은 그 대상이 초저녁에 동쪽에서 떠오를 때가 가장 좋습니다. 촬영 도중 자오선에 근접하면 적도의를 플립(Meridian flip, 적도의 적경/적위 방향을 서쪽으로 돌려주는 것)시켜야 하기 때문에 플립 전에 충분한 촬영 시간을 확보하기 위함입니다.

1) M8 석호 성운(Lagoon Nebula)

궁수자리(Sagittarius)에 위치한 발광 성운입니다. 큰 무늬가 일품이며, 촬영 적기는 5~8월입니다.

2) M15 구상 성단(Globular Cluster)

페가수스자리(Pegasus)에 위치한 구상 성단입니다. 촬영 적기는 6~10월이고, 동그랗게 모여 있는 별 뭉치와 주변의 큰 별들의 조화가 인상적인 성단입니다.

3) M42 오리온 대성운(Orion Nebula)

오리온자리(Orion)에 위치한 발광 성운입니다. 밝고 화려한 붉은색 성운이며, 촬영 적기는 12월에서 이듬해 1월까지입니다.

4) M45 플레이아데스 성단(Pleiades Star Cluster)

황소자리(Taurus)에 위치한 산개 성단이며, 주변에 청색 성운이 많이 분포되어 있습니다. 촬영 적기는 9월에서 이듬해 1월까지입니다.

5) NGC 869 & NGC 884(Double Cluster)

페르세우스자리(Perseus)에 위치한 성단입니다. 촬영 적기는 9월에서 이듬해 1월까지이며, 큰 산개 성단 두 개가 가까이 붙어 있는 보기 드문 이중 성단입니다. 이 대상은 초점거리가 비교적 짧은 망원경으로 촬영하는 것이 좋습니다.

* 이 대상의 설명을 위한 사진을 보면 밝은 별 주위에 십자 형태의 선이 퍼져 있는 것을 볼 수 있습니다. 이것은 촬영을 위해 사용한 반사망원경의 구조상 사경을 잡고 있는 스파이더에 의해 나타나는 현상이며, 스파이더상이라고 합니다.
  굴절망원경에는 스파이더가 없으므로 이러한 상이 나타나지 않습니다.

5 촬영 장비 설치

① 삼각대 설치
수평을 확인합니다.

② 적도의 설치
천문박명 이전에는 나침판으로 대략적인 진북을 확인합니다. 북극성이 출현하면 북극성을 이용하여 극축을 1차 정렬합니다. 정렬 후 무게추를 장착합니다.

③ 경통 밴드 부착
흔들리지 않도록 단단히 고정시킵니다.

④ 경통 설치
카메라 무게를 미리 고려하여 대략적인 중심점을 확인하고, 파인더를 추가하고 파인더 정렬을 실시합니다. 정렬 후 파인더를 제거합니다. 파인더는 적도의 정렬(Sync, 적도의가 가리키는 별을 연동) 또는 대상으로의 이동만을 위해서 사용합니다. 차후 촬영 직전에는 파인더를 제거하여 적도의의 무게 부담을 덜어줍니다.

⑤ Flattener / 카메라 결합
견고한 고정으로 카메라 무게에 의한 틸팅(Tilting, 처짐)이 발생하지 않도록 합니다.

⑥ 가이드경 및 가이드 카메라 설치

⑦ 전원, 열선 등 각종 케이블 연결
장비에 장착되는 케이블, 전원 선들을 모두 연결합니다.

⑧ 적경, 적위 무게 균형 정밀한 수정 ★
무게가 한쪽으로 쏠리지 않도록 가능한 정밀하게 균형을 맞춥니다.

⑨ 노트북 설치, 전원 및 USB 케이블 연결
전원 장비에 전원을 넣어주고 각 촬영 소프트웨어를 실행해둡니다.

⑩ 적도의 극축 정렬 ★
극축망원경을 이용하여 극축을 최대한 정밀하게 정렬하고, 파인더를 부착합니다.

6 촬영 준비

1) 밝은 별을 선정한 정렬

하늘의 별들 중 대체로 밝은 별을 선정한 후 파인더를 이용하여 카메라의 중심에 도입합니다. 적도의에 연결되어 있는 핸드 컨트롤러(Hand controller)가 Goto(대상 이동=Slew) 기능을 지원하는 경우 2점 또는 3점 Align(정렬)을 시행합니다. 노트북으로 Goto용 프로그램을 사용하는 경우, 적도의를 프로그램과 연결시키고 정렬(Sync, 적도의가 가리키는 별을 연동)합니다.

2) 주경 및 가이드경 초점 정렬

하트만 마스크 또는 바흐티노프 마스크를 사용하여 초점을 맞춥니다. 이때 너무 밝은 별보다는 조금 어두운 별을 선택하는 것이 좋습니다. 초점 정렬이 완료되면 포커서가 밀리지 않도록 고정시킵니다.

3) 오토가이드 프로그램 실행(PHD를 사용하는 경우)

PHD 프로그램을 실행하고, 메인 창의 Connect 버튼( )을 눌러 장비를 연결한 후, Advanced Parameters 버튼( )을 클릭하여 PHD 옵션 값을 자신의 가이드경과 가이드 카메라에 맞도록 입력합니다. 가이드는 차후 대상 도입 이후에 시작합니다.

※ PHD 소프트웨어는 무료이며, PHD2 홈페이지에서 최근 업데이트된 PHD2 버전을 다운로드할 수 있습니다(http://openphdguiding.org/).

※ 장비 연결에 ASCOM 연결을 사용하는 경우에는 먼저 ASCOM Flatform을 다운로드 해서 설치해야 하며, 해당 카메라나 적도의의 ASCOM Driver도 다운로드해서 설치합 니다.

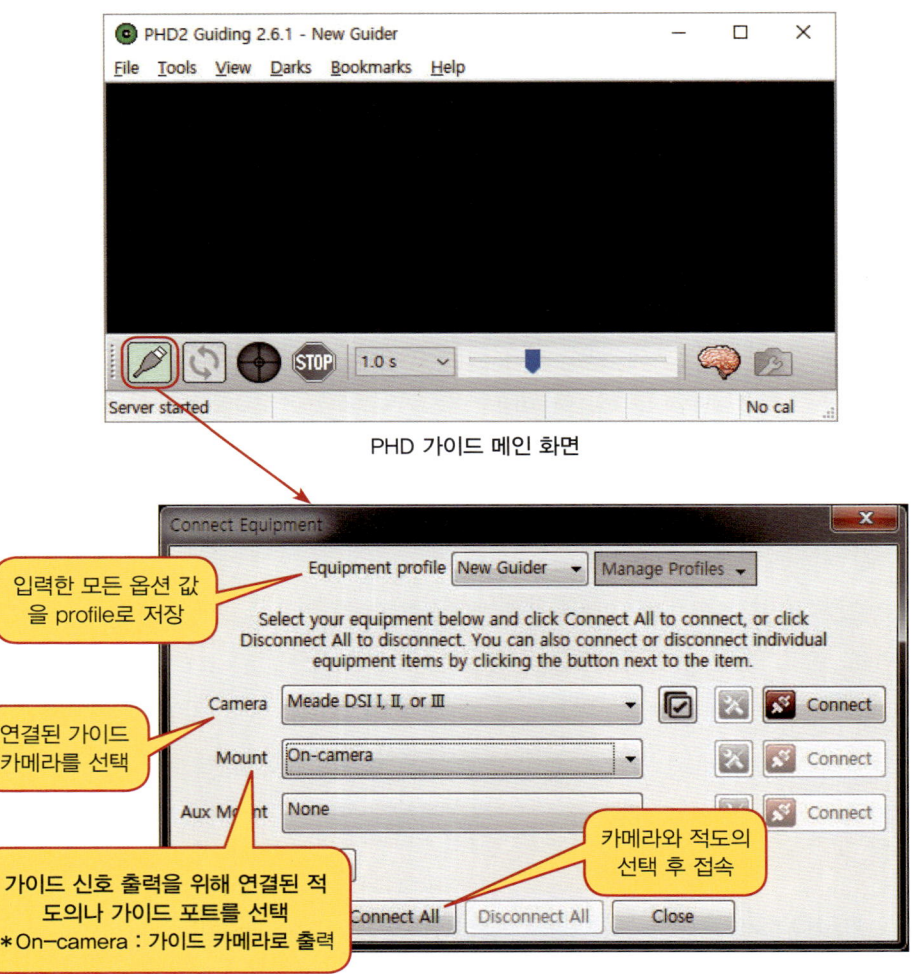

PHD 가이드 메인 화면

PHD 가이드의 카메라와 적도의 연결 화면

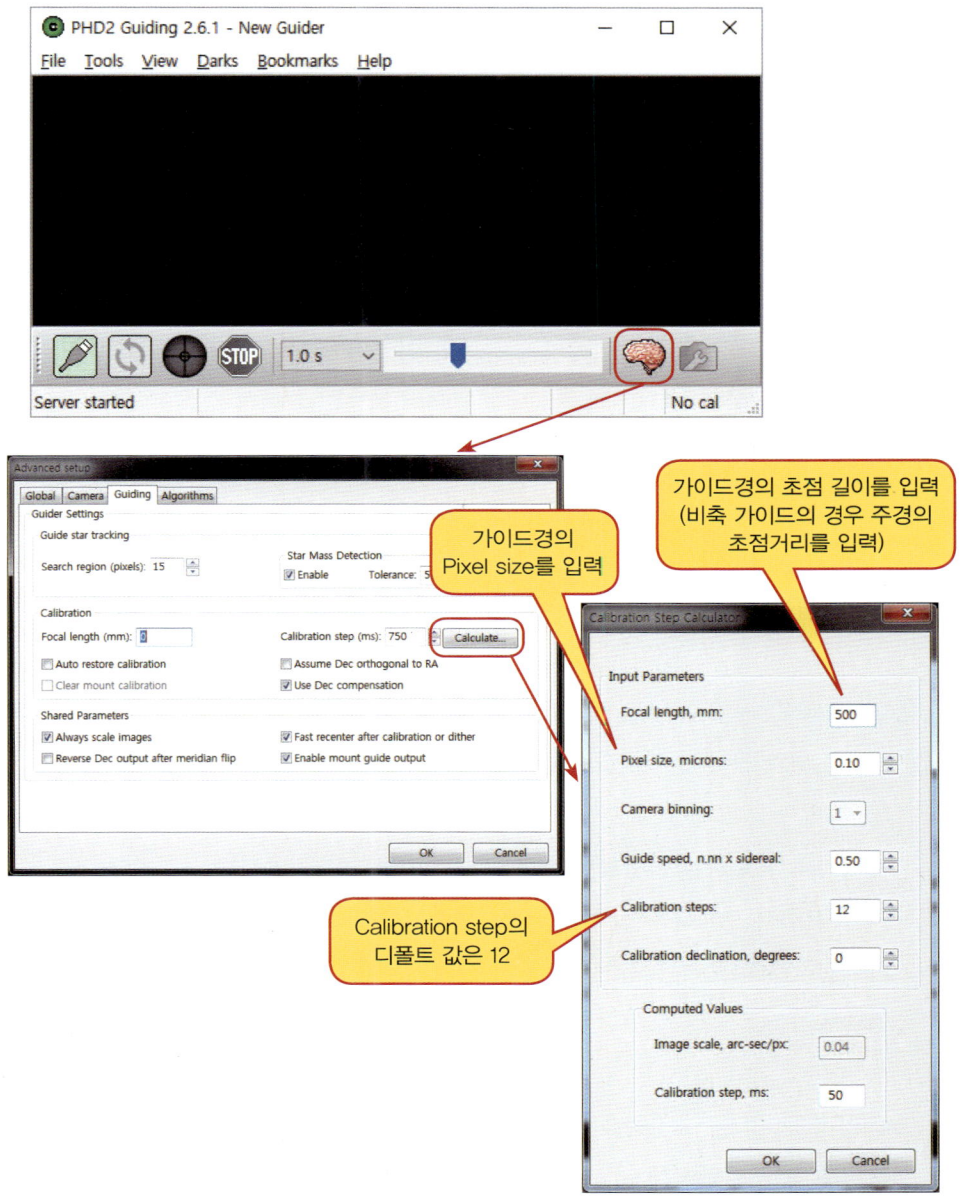

PHD 가이드 옵션 화면

※ 오토가이드 운용을 위한 가이드 카메라와 적도의 연결에는 보통 다음의 5가지 방법 중 한 가지를 사용합니다.

(1) 펄스 가이드(Pulse Guide)

가이드 카메라와 노트북을 USB로 연결하고 노트북과 적도의(또는 핸드 컨트롤러)를 RS-232C 시리얼(Serial) 통신 방식으로 연결합니다. 가이드 카메라로부터 가이드 이미지를 PC로 읽어와서 적도의의 추적 오차를 계산하고, 오차를 보정한 적도의 이동 신호를 적도의로 전달하여 적도의 위치를 수정하게 됩니다. 노트북이 RS-232C 포트(Port)를 지원하지 않는 경우에는 별도의 USB to 232C 포트 변환 어댑터 액세서리가 필요합니다. PC와 적도의(또는 핸드 콘트롤러)의 연결은 적도의 매뉴얼을 참조합니다. 장비 연결에 ASCOM 드라이버를 사용할 수도 있습니다.

(2) 온 카메라(On-Camera=Guider Relays)

가이드 카메라에서 가이드용 RJ-12 포트가 지원되는 경우에 가능한 방법입니다. 가이드 카메라와 노트북을 USB로 연결하고, RJ-12 가이드 케이블로 가이드 카메라와 적도의를 연결합니다. 가이드 카메라로부터 가이드 이미지를 PC로 읽어와서 추적 오차를 계산하고, 오차를 보정한 적도의 이동 신호를 USB를 통해 가이드 카메라로 전달하면 가이드 카메라가 가이드 신호로 변환하여 적도의로 전달합니다.

(3) 메인 릴레이(Main Relays)

촬영용 메인 카메라에서 가이드용 RJ-12 포트가 지원되는 경우에 가능한 방법입니다. 가이드 카메라와 촬영용 메인카메라를 노트북에 USB로 연결하고, 가이

RJ-12 가이드 케이블(좌)과 적도의 오토가이드 포트(우)

드 케이블로 메인카메라와 적도의를 연결합니다. 오차를 보정한 적도의 이동 신호를 USB를 통해 메인카메라로 전달하면, 메인카메라가 가이드 신호로 변환하여 적도의로 전달합니다.

(4) Shoestring(사) GP-USB 연결

가이드용 카메라와 GP-USB를 각각 노트북에 USB로 연결하고, 가이드 케이블로 GP-USB와 적도의를 연결합니다. GP-USB는 오차를 보정한 적도의 이동 신호를 가이드 신호로 변환하여 적도의로 전달해주는 역할을 합니다.

(5) Direct Guide

적도의가 USB 연결 포트를 지원하는 경우에 가능한 방법입니다. 가이드용 카메라를 노트북에 USB로 연결하고, 적도의와 PC를 USB로 연결합니다. 오차를 보정한 적도의 이동 신호가 USB를 통해 적도의로 전달되면, 적도의에서 직접 모터를 제어합니다.

RJ-12 6P 가이드 포트의 5개의 핀(Pin)에는 Ground, RA+, RA-, DEC+, DEC- 신호가 각각 할당되어 있으며, 1개의 핀은 사용되지 않습니다.

장비에 따라 6개의 핀 번호에 할당된 신호의 순서가 서로 다를 수 있으므로, 연결되는 양쪽 장비의 매뉴얼을 각각 참조하여 서로 동일한 신호의 핀끼리 연결될 수 있도록 툴과 RJ-12 6P6C 콘넥터(Connector)를 이용하여 가이드 케이블을 직접 제작해야 합니다. 또한 가이드 케이블의 반대쪽 모양이 RJ-12 포트가 아닌 경우(예 : 6Pin Din 포트)에는 그 모양에 맞는 콘넥터를 구해서 제작해야 합니다.

ST-4 호환 케이블은 일찍이 SBIG(사)가 개발한 ST-4 가이드 전용 카메라에 적용한 방식과 호환되는 케이블을 말하며, 핀에 할당된 신호의 순서는 ① 미사용, ② Ground, ③ RA+, ④ DEC+, ⑤ DEC-, ⑥ RA-입니다.

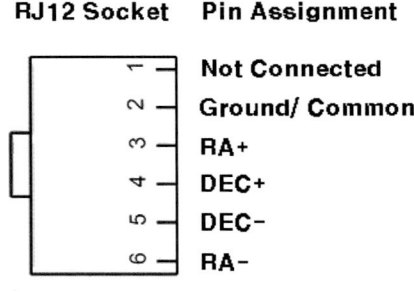

ST-4 호환 가이드 케이블의 소켓과 핀

앞의 5가지의 방법 외에도 별도의 Guider CCD Chip이 내장된 촬영용 메인카메라를 사용하는 경우가 있을 수 있으며, 이 경우에는 Dual Chip Mode를 지원해주는 MaximDL 등의 가이드 소프트웨어를 사용하여 가이드합니다.

7 이미지(Light frame) 촬영 / MaximDL

1) 이미지 촬영

① View > Camera control window( ) 화면을 오픈합니다.

② Setup 탭에서

ⓐ 'Setup Camera' 버튼을 클릭하여 Camera1에 촬영용 카메라, Camera2에 가이드용 카메라를 연결합니다(MaximDL 가이드 이용 시).

ⓑ 모노 카메라는 'Setup Filter' 버튼을 클릭하여 장착된 Filter 순서를 입력합니다.

ⓒ 'Connect' 버튼을 클릭합니다.

※ 냉각 CCD는 Coolers 항목의 'On' 버튼을 눌러서 냉각 장치를 작동합니다.

※ Camera1과 Camera2 각각 'Option' 버튼을 클릭하여 'Auto-dark Subframe Extraction' 항목의 체크를 해제합니다.

※ 만약 옵션의 장치 리스트에 사용하려는 카메라 장치가 없는 경우 http://www.cyanogen.com/help/maximdl/Obsolete_Camera_Models.htm을 방문하여 기본 지원 장치 모듈을 설치하고, 카메라 제조사 홈페이지에서 MaximDL Plugin Driver를 찾아서 있다면 함께 설치합니다.

③ Expose 탭에서

ⓐ 적도의의 컨트롤러나 Sky Explorer 프로그램을 이용하여 촬영할 대상으로 망원경을 이동(Goto=Slew)합니다. 촬영 대상을 쉽게 찾을 수 있는 경우는 적도의 컨트롤러를 이용하여 파인더를 보면서 직접 대상으로 이동시킵니다.

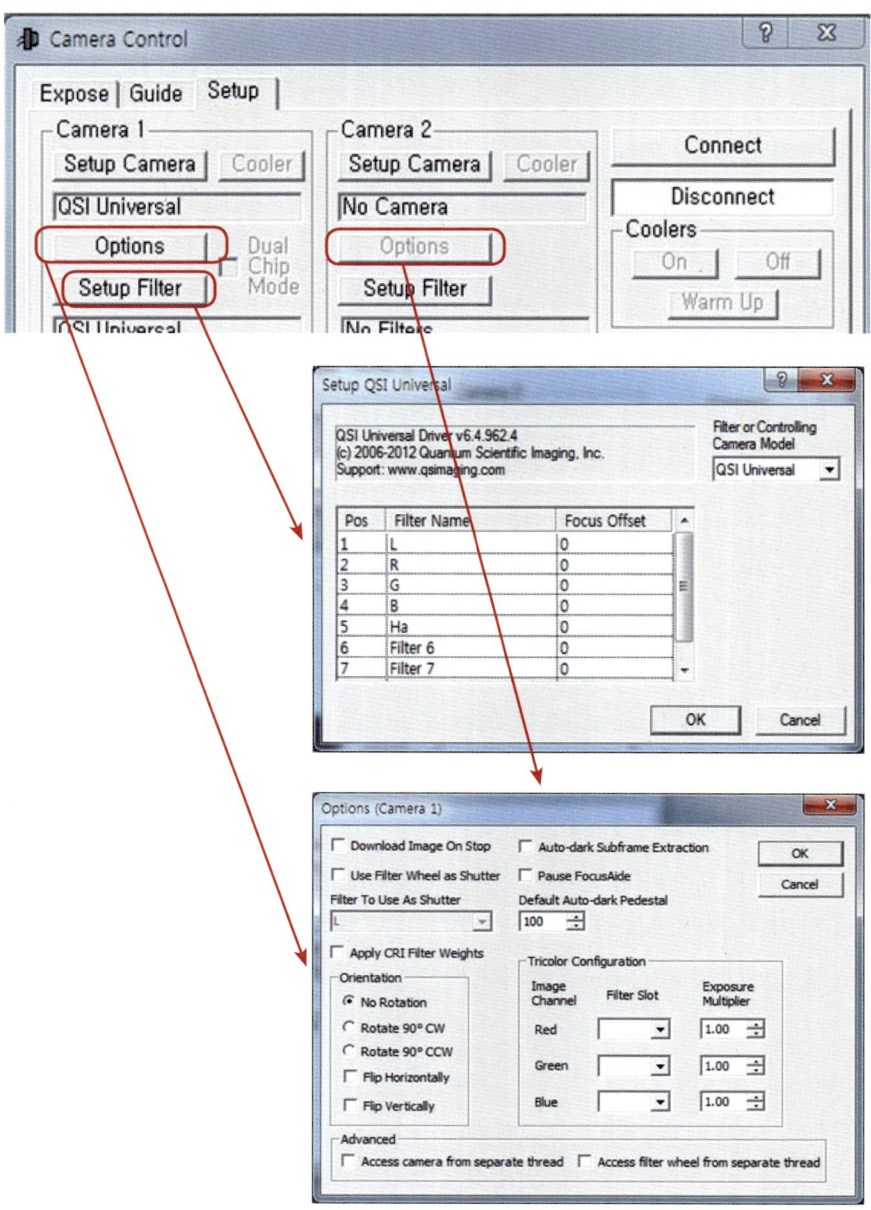

MaximDL 카메라 및 필터 지정

ⓑ Options 옆의 '▶' 버튼을 눌러서 팝업되는 메뉴에서 No Calibration을 체크합니다.

ⓒ Seconds 항목에서 노출을 3초 정도로 지정하고 Sigle을 선택 후 'Start' 버튼을 클릭합니다.

ⓓ 짧게 촬영된 이미지를 여러 번 반복 확인하면서 카메라의 중심으로 대상을 이동합니다. XY Binning을 2로 두고 시행하면 더 빠른 대상 확인이 가능합니다.

ⓔ 대상 이동 완료 후 파인더를 제거하고 Guide를 준비합니다.

※ Binning이란 이미지 센서의 각 셀(Cell, 센서 최소 단위)을 합해서 읽어오는 방식입니다. 1binning은 Cell들을 그대로 읽어오는 기본적인 방법이고, 2binning(2x2)은 4개의 Pixel을 하나의 Pixel로 합해서 4배 더 밝은 Pixel이 이미지로 읽혀집니다. 논리적으로 전체 Cell의 개수가 1/4로 줄었으므로 파일 사이즈도 1/4이 됩니다. 이 기능은 짧은 노출로 밝은 이미지를 얻을 수 있으므로(단, 디테일은 저하됨) 촬영 대상의 구도를 잡거나, 모노 카메라에서 RGB 필터로 촬영할 때 사용됩니다. 카메라에서 지원되어야 사용할 수 있는 기능이며, 4개의 Cell로 하나의 컬러 Dot를 표현하는 컬러 카메라의 CCD에서 2binning 이상을 사용하면 Bayer 구조의 컬러 정보가 무너져서 이미지는 흑백이 됩니다.

④ Guide 탭에서(MaximDL 가이드 이용 시)

ⓐ Seconds 항목의 노출 시간을 1~3초 정도로 설정합니다.

ⓑ 'Settings' 버튼 클릭으로 나타나는 설정 화면에서 그림의 Autoguider Output 항목의 Control 대상을 지정합니다.

ⓒ 지정 후 'Apply' 버튼을 클릭합니다. 몇 초 후 Output 장치가 연결되면 'OK'를 클릭합니다.

ⓓ Options 옆의 '▶' 버튼을 눌러서 팝업되는 메뉴에서 No Calibration을 체크합니다.

ⓔ Expose를 선택하고 'Start' 버튼으로 가이드 이미지를 한 장 촬영합니다.

ⓕ 나타난 이미지에서 가이드 별을 하나 선택하여 클릭하고 Calibrate를 선택 후 'Start' 클릭하면 약 몇 분간 Calibration 프로세스가 진행되며, 완료되면 'Track' 선택 후 'Start' 버튼을 클릭합니다. 'Graph' 버튼을 눌러 실시간 그래프를 확인합니다.

※ 오토가이드의 캘리브레이션 작업은 가이드 프로그램이 적도의를 미리 몇 스텝씩 움직여보고, 움직이는 방향과 거리를 기억하고 그에 맞는 가이드 동작 기준을 설정하는 작업이며, 이것은 적도의를 제어하기 위한 기초 작업입니다.

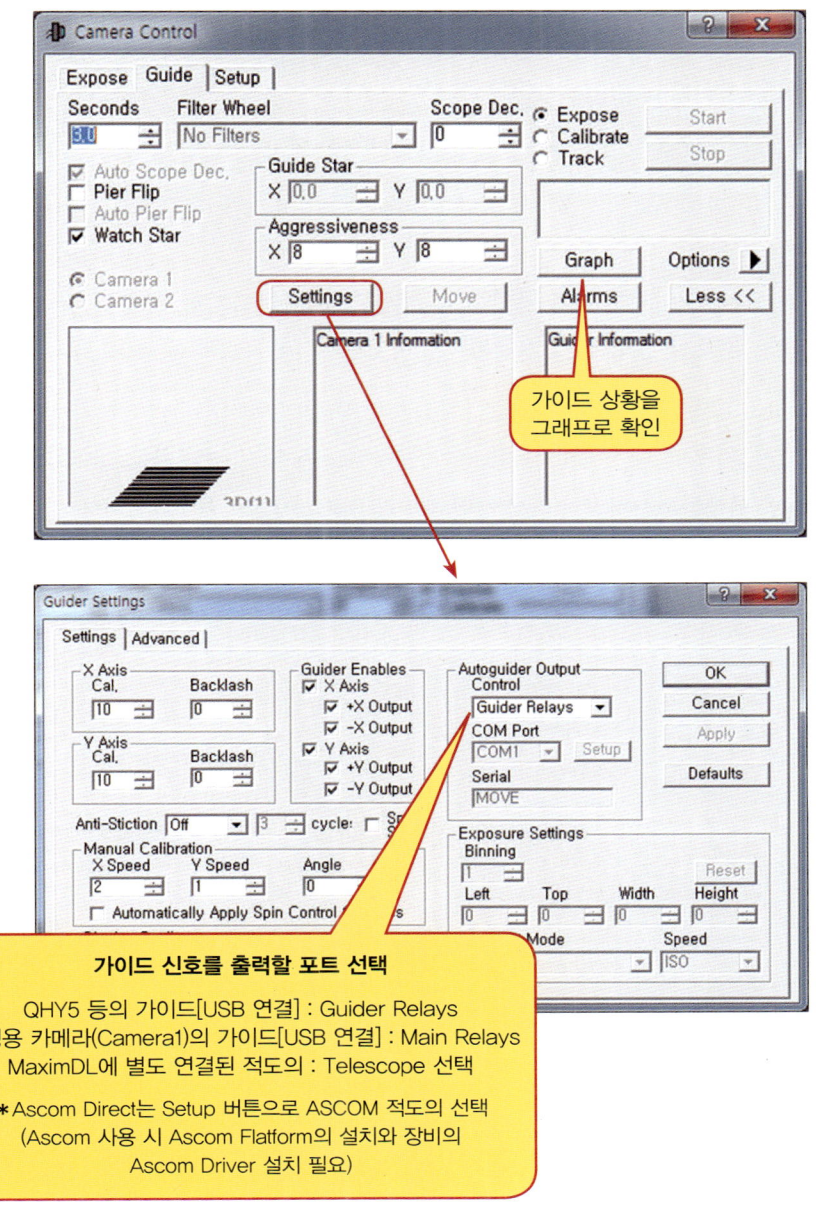

MaximDL Guider 옵션 지정

⑤ PHD Guiding(PHD 가이드 이용 시)

ⓐ 카메라 가동을 시작합니다.

ⓑ 화면에 나타난 이미지에서 가이드에 사용할 별을 선택합니다.

ⓒ Calibration을 시작합니다. Calibration이 완료되면 자동으로 가이드가 시작됩니다.

ⓓ 한 대상의 촬영이 마무리되어 다음 대상을 촬영하거나 적도의 플립으로 적도의 위치를 옮기는 경우에는, Stop 버튼으로 가이드를 멈추고 Advanced parameters > Guiding 탭에서 Clear mount calibration 체크박스를 체크하여, 차후에 다시 Calibration이 시행되도록 해야 합니다(Calibration을 1회 이상 진행한 경우에는 오른쪽 그림과는 달리 체크박스가 활성화됩니다).

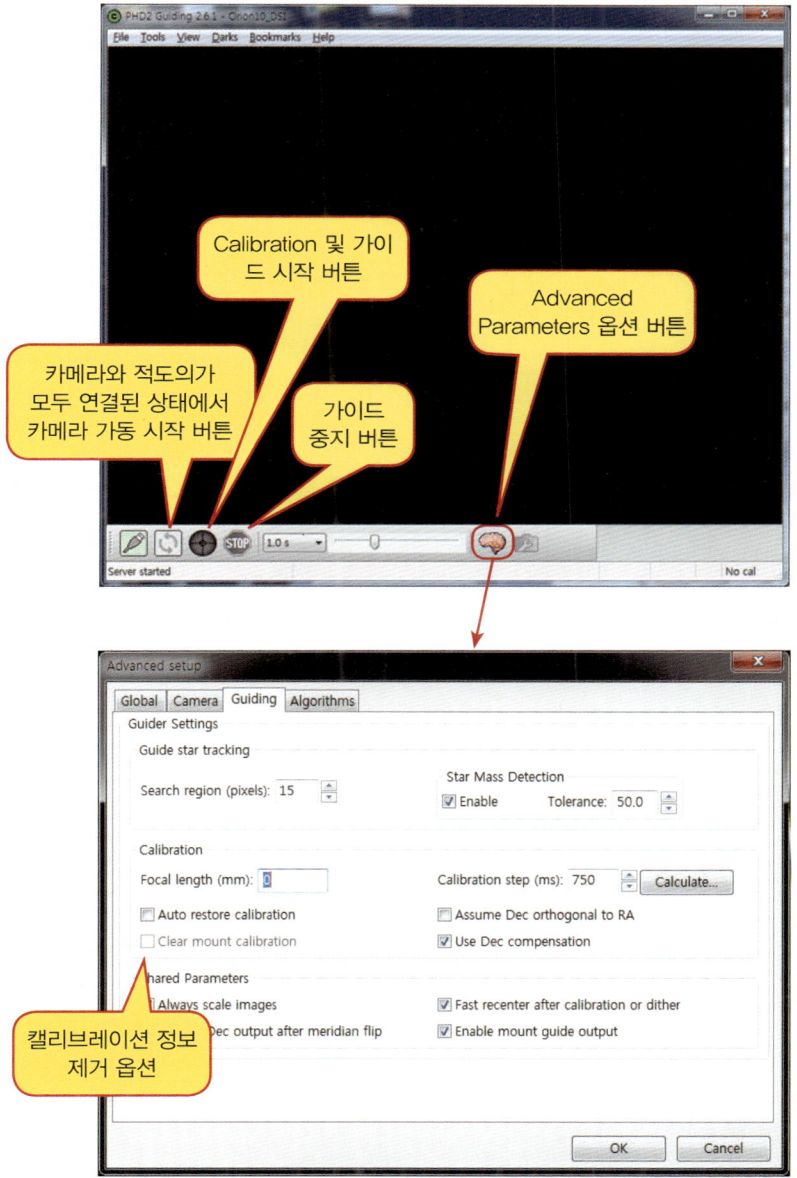

Advanced parameters > Guding 탭

⑥ Expose 탭에서

ⓐ 'Autosave' 버튼을 클릭하여 Autosave Setup 화면을 오픈합니다.

ⓑ Autosave Filename에는 파일의 접두어를 기재합니다. 이후 촬영 시 파일 이름에 자동으로 삽입됩니다.

예 : TSA120_RD_QSI583_M45(광학계, 카메라, 촬영 대상)

ⓒ 'Slot'을 클릭하여 각 이미지의 속성을 세부적으로 지정합니다. Suffix 옵션 위치에 필터와 노출값을 R300, L600 등으로 기재합니다.

ⓓ Options 옆의 '▶' 버튼을 누르고 Setup Image Save Path를 선택하여 이미지 저장 경로 지정 후 'OK'를 클릭합니다.

※ 각 Slot의 필터별 촬영을 먼저 완료하는 순서로 촬영코자 한다면 Option (▶) > Group by Slot을 선택합니다.

ⓔ Autosave Setup 창에서 'OK' 버튼을 클릭합니다.

ⓕ 'Start' 버튼을 눌러 촬영을 시작합니다.

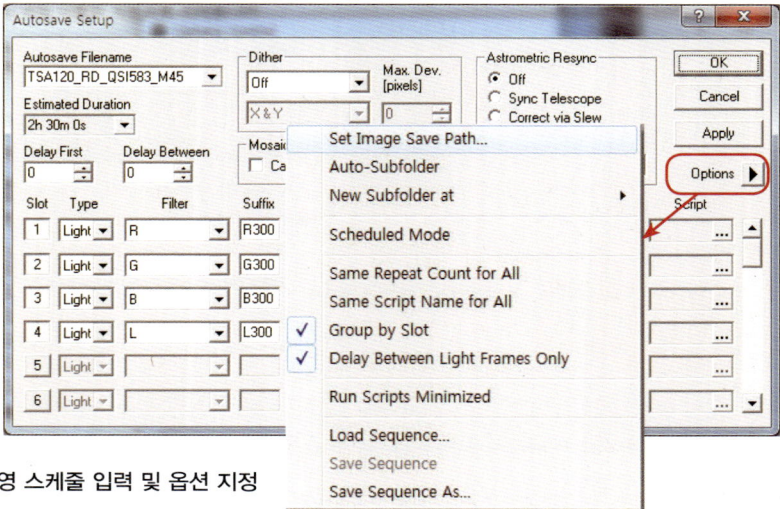

MaximDL 촬영 스케줄 입력 및 옵션 지정

2) 촬영 대상별 평균 노출 시간

컬러 카메라의 경우 성운/은하는 600~900초 정도의 노출로 촬영하고, 성단은 300초 또는 그 이하의 노출로 촬영합니다. 모노 카메라의 경우 L 필터 1bin으로 성단은 300초, 성운은 600초 정도의 노출로 촬영하여 광량과 디테일을 확보하고, R, G, B 필터로는 2bin으로 300초 정도의 노출로 촬영하여 색상 정보를 확보합니다.

3) 온도 변화에 따른 초점 재확인

초점거리가 500mm 이하에 해당되는 경통들은 겨울철 저온에서 경통의 변형에 의해 초점거리가 짧아지는 현상이 있으므로 약 2시간 간격으로 초점을 재확인합니다.

이 현상은 초점거리가 짧은 경통들이 민감하나 온도가 -20도 이하로 극히 심하게 떨어졌다면, 초점거리에 상관없이 모든 경통에서 확인이 필요합니다.

4) 촬영 중 자오선 통과 시

① 자오선을 넘어선 지점에서 촬영과 오토가이드를 중단합니다.
② 촬영 중인 대상 근처의 밝은 별을 선정하여 Goto(=Slew)합니다. 이 경우 적도의는 경통을 자동으로 Flip시킵니다.
③ 다시 촬영 대상으로 Goto하여 촬영된 사진과 일치하도록 구도를 정렬합니다. 사진의 방향은 바뀌게 되나 차후 Alignment 처리 과정에서 교정됩니다.
④ 오토가이드의 Calibration을 다시 진행합니다.
⑤ 오토가이드를 시작하고 촬영을 재개합니다.

8 캘리브레이션 이미지 촬영

1) Flat 이미지 촬영

여명에 짧은 노출(광도 약 25,000ADU)로 10여 장 촬영합니다. 실 촬영지에서는 시민박명에서 천문박명 사이에 촬영하게 되는데, 천문박명에는 별이 촬영될 수 있으므로 흰색 보자기 등을 경통에 씌우고 촬영합니다. 흔히 집에서 모니터에 백색 창을 띄워놓고 촬영을 하기도 합니다.

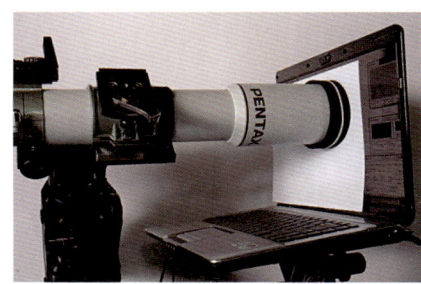 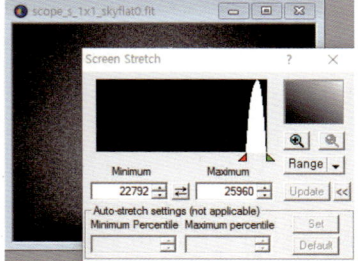

모니터를 활용한 Flat 촬영 모습(좌)과 촬영된 Flat 이미지(우)

Flat 촬영은 실제 이미지 촬영과 동일하게 장비와 카메라를 장착하고, 초점도 동일 또는 유사하게 맞춰서 촬영해야 차후 이미지 처리 과정에 적용하여 효과를 얻을 수 있습니다. MaximDL에서는 Sky flat 프로그램을 이용하여 아래 설명에 따라 촬영하고, APT에서는 Camera > Plans 항목의 Test Flat을 선택하고 촬영합니다.

※ MaximDL에서 Sky flat(Sky Flats Assistant, 무료) 프로그램 사용

MaximDL을 실행하여 카메라를 연결하고, 정상 촬영되는 상태에서 Sky flat 프로그램을 실행하여 촬영합니다. 메인 창의 Binning, ADU, Save Directory, Number of flats 옵션을 확인하고 'Start' 버튼을 눌러 촬영을 시작합니다.

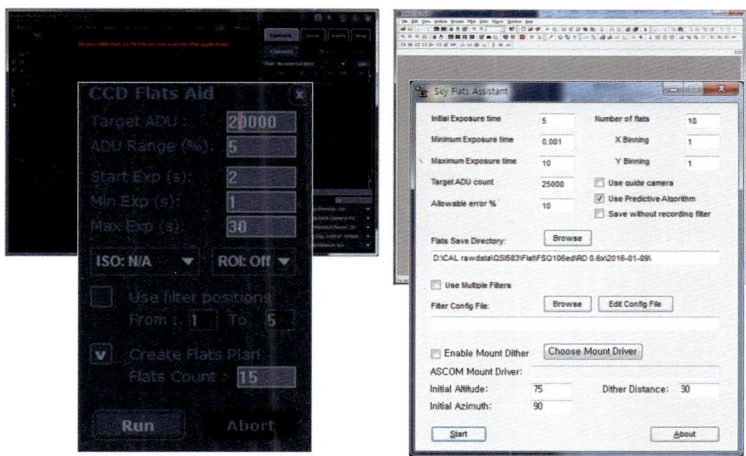

APT 프로그램 화면　　MaximDL 프로그램 화면과 Sky flat 화면

2) Bias 이미지 촬영

경통의 마개를 닫고 대상 촬영 환경과 같은 온도 조건으로 10여 장 촬영합니다. MaximDL에서는 Expose 〉 Autosave 버튼을 클릭하여 Slot의 Type 항목에서 Bias를 선택하고 촬영합니다. APT에서는 Camera 〉 Plans 항목의 Test Bias를 선택하고 촬영합니다.

3) Dark 이미지 촬영

경통의 마개를 닫고 대상과 동일한 노출 시간과 온도 조건으로 10여 장 촬영합니다. MaximDL에서는 Expose 〉 Autosave 버튼을 클릭하여 Slot의 Type 항목에서 Dark를 선택하고 촬영합니다. APT에서는 Camera 〉 Plans 항목의 Test Dark를 선택하고 촬영합니다.

※ DSLR의 경우 Flat, Dark, Bias 모두 APT(Astro Photography Tool, 무료) 프로그램을 사용하는 것이 편리합니다.

※ 대상을 2bin으로도 촬영한다면 2bin용 마스터 Flat, Bias, Dark 파일도 각각 촬영해 두어야 합니다.

4장
딥스카이 사진 처리 / PixInsight

천체사진 처리(Astro image processing)란 장노출로 촬영된 천체사진에 포함된 노이즈나 비넷을 제거하고 색상을 조합하는 등의 처리를 거쳐 한 장의 사진으로 완성하는 과정을 말합니다.

이 챕터에서는 PixInsight(유료) 프로그램을 이용한 촬영 이미지의 캘리브레이션(Calibration), 합성(Stacking), 컬러 조합(Color combination)과 처리 과정에 대해 설명합니다.

캘리브레이션과 합성 그리고 간단한 이미지 처리에는 MaximDL 프로그램을 이용하기도 합니다. MaximDL을 대표적인 촬영 프로그램이라고 한다면, PixInsight는 대표적인 천체사진 처리 프로그램이라고 할 수 있습니다.

Deepsky stacker(무료) 프로그램도 이미지 처리에 많이 사용됩니다.

1 이미지 처리 과정 도해

1) 마스터 Bias, Dark, Flat 파일 생성

촬영한 Bias, Dark 파일들은 ImageIntegration 프로세스로 각각 합성(Stack)하여 마스터 파일을 생성하고, Flat 이미지는 마스터 Bias, Dark 파일을 사용하여 캘리브레이션을 먼저 진행한 후, 합성하여 마스터 Flat 파일을 생성합니다.

이 과정을 통해 만들어지는 마스터 파일들은 촬영한 이미지(Light frame)의 캘리브레이션 작업에 사용됩니다. 캘리브레이션 작업은 사진에 포함된 노이즈와 비넷을 제거하기 위한 처리 과정입니다.

※PixInsight의 마스터 파일 생성 과정

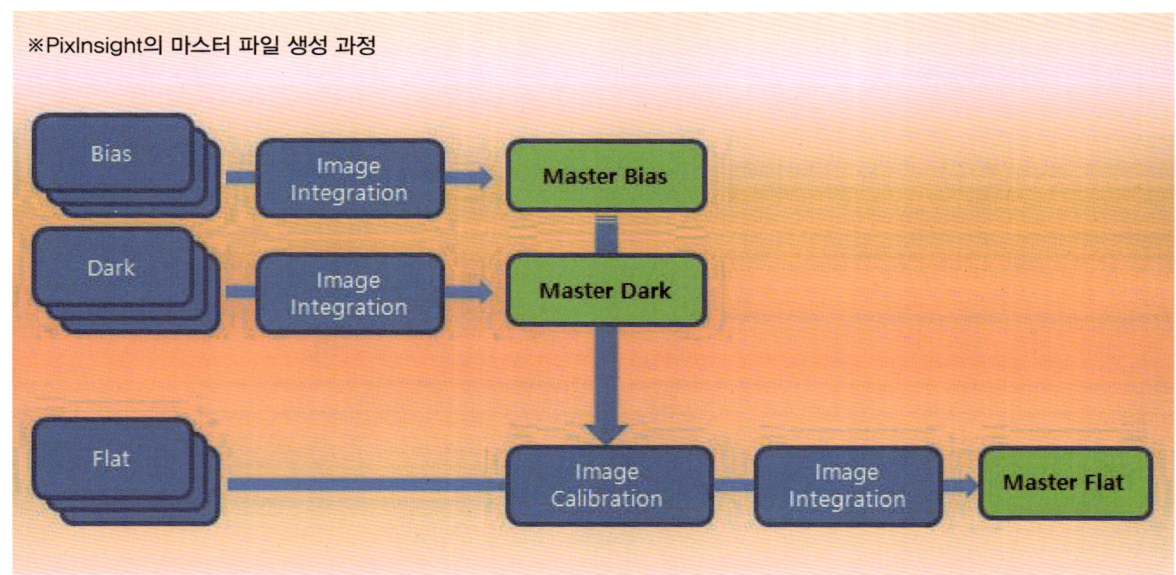

2) 전처리(Pre-processing) 과정

LRGB 파일을 각각 캘리브레이션하고, ImageAlignment(정렬), Cosmetic Correction(핫 픽셀과 콜드 픽셀 제거)을 진행한 후 ImageIntegration(합성=Stacking)하여 각각의 L, R, G, B 이미지를 생성합니다. 플립, 회전, 앵글, 사이즈, 화각 등으로 상이한 이미지들을 한 번에 정확히 정렬해주는 PixInsight의 Alignment(정렬) 프로세스의 성능은 상당히 뛰어나다고 할 수 있습니다. 캘리브레이션 및 합성 작업은 대부분의 천체사진 처리 소프트웨어들이 가지고 있는 공통적인 기능이며, 천체사진의 기본적인 처리 작업이라고 할 수 있습니다.

캘리브레이션에서 합성(Stacking)까지의 과정을 'Pre-processing(전처리)'이라고 하고, 이후 이미지 완성까지의 과정을 'Processing(처리)'이라고 합니다.

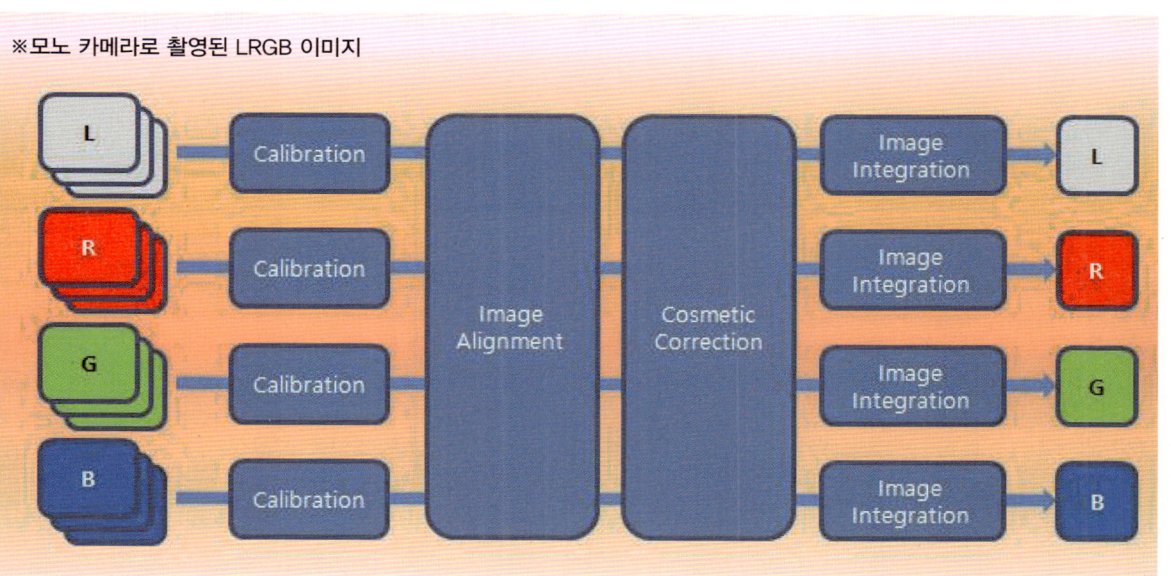

※모노 카메라로 촬영된 LRGB 이미지

컬러 카메라로 촬영된 Color Raw 파일들은 캘리브레이션 후 다시 R, G, B 각각의 컬러 파일로 분리해줍니다. 이렇게 함으로써 각 색상의 밝기 균형을 맞춰주고, CosmeticCorrection 프로세스로 핫 픽셀이나 콜드 픽셀을 제거할 수 있게 됩니다. 일부 컬러 카메라에서 촬영된 Mono RAW 파일은 Debayer 기능을 이용하여 Color Raw 파일로 변환한 뒤 R, G, B로 분리합니다.

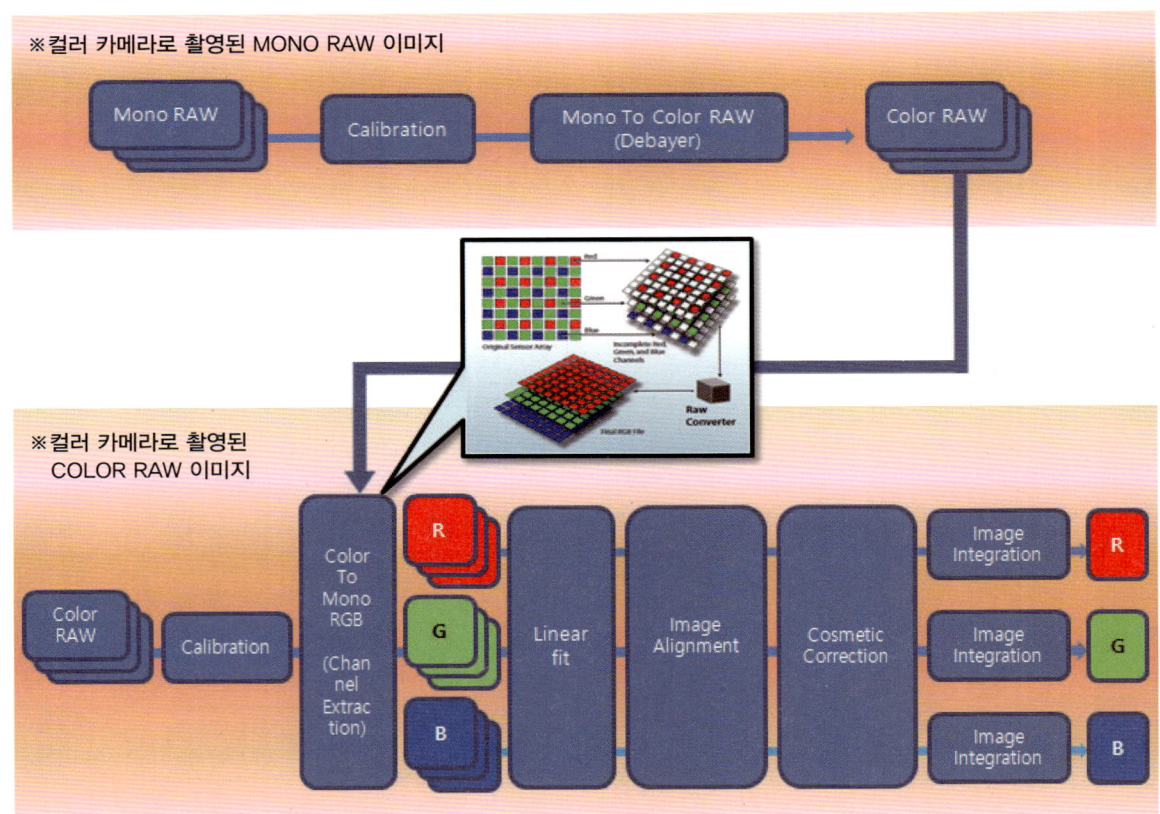

3) 처리(Processing) 과정

이 과정은 크게 Linear Image 처리 과정과 Non-Linear Image 처리 과정으로 나뉩니다(최근 출시되는 대부분의 디지털 CCD가 Linear CCD이고, 최종 변환되어 전송되는 디지털 이미지는 픽셀 상호 간 Linear적 특성을 가진다고 합니다). PixInsight는 각 Image의 특성에 맞는 프로세스를 구현해서 제공하고 있으며, 해당 구간에서의 사용을 권장하고 있습니다. 이후 HistogramTransformation 프로세스의 적용으로 Linear적 특성이 더 이상 유지되지 않습니다.

아래 처리 과정은 기본적인 프로세스들로 구성한 예입니다. 다른 기능을 더 이용하고자 한다면 그 프로세스의 특성 구간에 추가해주면 됩니다.

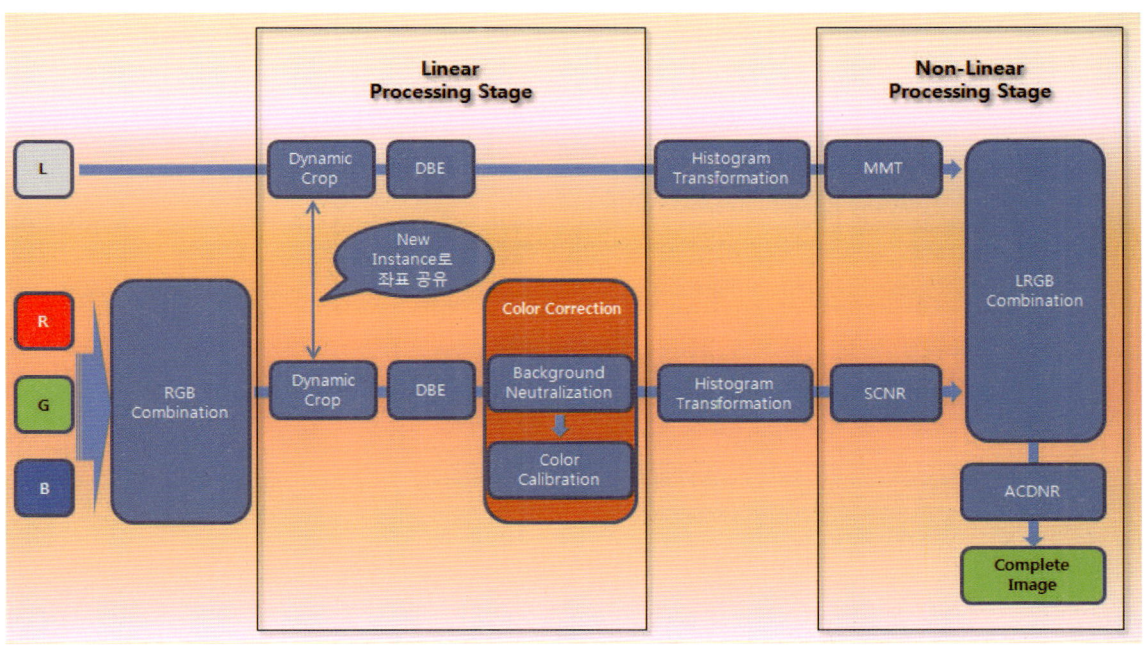

4) 유형별 처리 프로세스(Process)

아래는 Linear, Non-Linear 각 유형의 이미지에 효과적인 처리 프로세스(기능)와 어떤 유형의 이미지에도 잘 맞는 프로세스를 정리한 리스트입니다(출처 : PixInsight Forum). 각 프로세스들은 PixInsight의 정책에 따라 현재 프로그램 버전에서 사라진 것도 있을 수 있습니다.

Tools best used on linear images

- AssistedColorCalibration
- ATrousWavelet Noise reduction
- AutomaticBackgroundExtraction
- Color Calibration
- Fast Rotation
- Deconvolution
- DeconvolutionPreview
- DynamicBackgroundExtraction
- Dynamic Crop
- Dynamic PSF
- GradientHDRComposition
- GradientHDRCompression
- GradientMergeMosaic
- GREYCstoration
- HDRComposition
- ImageCalibration
- ImageIntegration
- ScreenTransferFunction

Tools working on linear and non-linear images equally well

AutoHistogram
CurvesTransform
DynamicAlignment
HistogramTransformation
IntegerResample
Invert
RangeSelection
RGBWorkingSpace assignment
Rotation
StarAlignment
Statistics

Tools best used on non-linear

ACDNR NR
CurvesTransformation
   – for saturation
HDRMultiscaleTransform
LocalHistogramEqualization
MorphologicalTransform
MultiscaleMedianTransformation
SCNR

아래 프로세스들은 특정 Image 처리 과정에 소속되지 않은 독립적인 유형의 처리 프로세스와 스크립트입니다.

※ CalculateSkyLimitedExposure는 현장에서 촬영된 한 장의 이미지를 분석하여 그 촬영지에서의 최대 노출 가능 시간을 알려줍니다.

```
That leaves the following
uncategorized

Processes                        Scripts

    ChannelCombination               Image Analysis :
    ChannelExtraction
    ChannelMatch                         ExtractWaveletLayers
    CloneStamp                           ImageSolver
    ColorSaturation                      NoiseEvaluation
    Convolution
    DefectMap                        Instrumentation :
    DigitalDevelopment
    FourierTransform                     BasicCCDParameters
    ICCProfileTransformation             CalculateSkyLimitedExposure
    InverseFourierTransform
    LarsonSekanina                   Utilities :
    NoiseGenerator
    RestorationFilter                    BackgroundEnhance
    SimplexNoise                         CanonBandingReduction
    StarMask                             CosmeticCorrection
    UnsharpMask                          DarkStructureEnhance
                                         FFTRegistration
                                         StarHaloReducer
```

2 캘리브레이션 마스터 파일 생성

촬영한 사진(Light frame)을 캘리브레이션하기 위해서는 미리 마스터 파일들을 생성해두어야 합니다. 이에 Bias와 Dark 이미지는 ImageIntegration 기능으로 합성(Stacking)하면 되고, Flat 파일은 생성된 마스터 Bias와 마스터 Dark 이미지를 가지고 캘리브레이션 진행 후 합성하여 마스터 Flat 파일을 생성합니다.

1) 마스터(Master, 여러 장의 이미지를 통합시켜 만든 한 장의 기준 파일) Bias 생성

① ImageIntegration 창을 오픈합니다.
② 'Add Files' 버튼을 클릭하여 Bias 파일들을 추가합니다.
③ 그림의 옵션을 참조해서 입력합니다.
④ 창 하단의 Apply Global(●) 버튼을 클릭하여 Integration을 실행합니다.
⑤ 생성된 Gray integration 파일을 마스터 Bias 파일로 저장합니다. 함께 생성된 Rejection(High, Low) 파일들은 필터링으로 걸러진 이미지이며, 별도로 저장할 필요는 없습니다.

※ 2bin 이미지도 촬영한다면 2bin 마스터 Bias 파일도 생성해둬야 합니다.

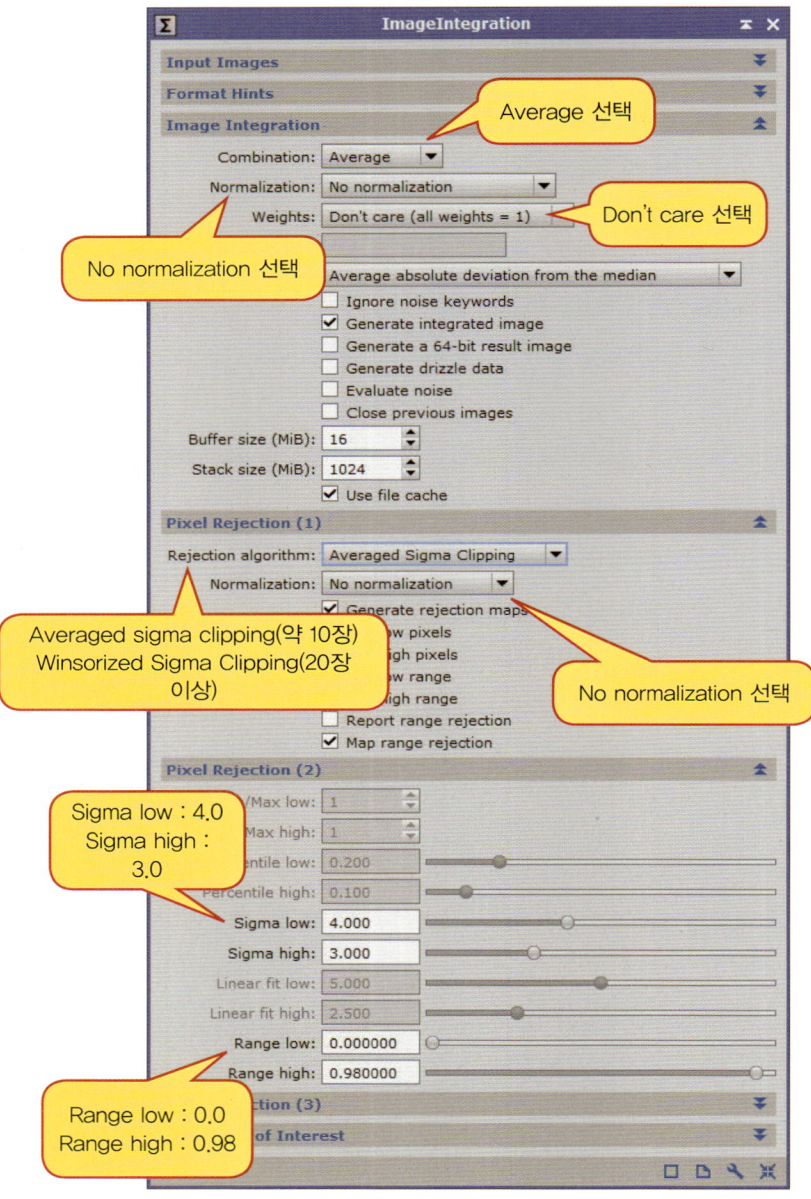

ImageIntegratoin 창

126 딥스카이 사진 촬영 가이드

2) 마스터 Dark 파일 생성

① ImageIntegration 창을 오픈합니다.

② 'Add Files' 버튼을 클릭하여 Dark 파일들을 추가합니다.

③ 그림의 옵션을 참조해서 입력합니다.

④ 창 하단의 Apply Global(●) 버튼을 클릭하여 Integration을 실행합니다.

⑤ 생성된 Gray integration 파일을 마스터 Dark 파일로 저장합니다.

※ 촬영하는 이미지의 노출 시간에 따라 각각의 마스터 Dark 파일을 준비합니다.

※ 온도 Control이 가능한 CCD 사용 시 -20, -25, -30, -35, -40도의 순서로 생성해 두고, 실제 이미지를 촬영할 때도 마스터 파일에 속해 있는 온도로 촬영합니다.

※ 2bin 이미지를 촬영한다면 2bin 마스터 Dark 파일도 생성해둬야 합니다.

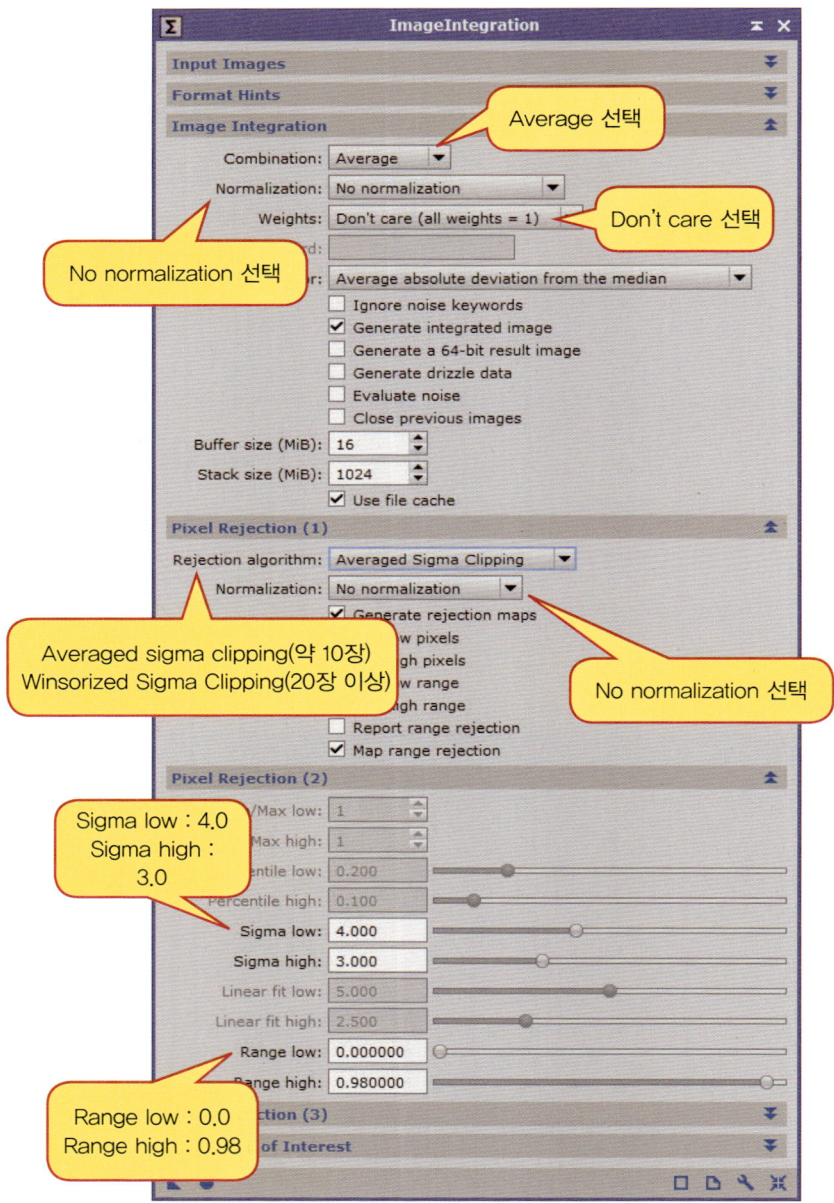

ImageIntegratoin 창

128 딥스카이 사진 촬영 가이드

3) 마스터 Bias, 마스터 Dark 파일을 이용하여 Flat 이미지 캘리브레이션

① ImageCalibration 창을 오픈합니다.

② 'Add Files' 버튼을 클릭하여 Flat 파일들을 추가합니다.

③ 그림의 옵션을 참조해서 입력합니다.

④ 창 하단의 Apply Global(●) 버튼을 클릭하여 ImageCalibration을 실행합니다.

※ 2bin Flat 파일을 Calibration 처리하려면 2bin 마스터 Bias, Dark 파일을 미리 준비해두고 사용해야 합니다.

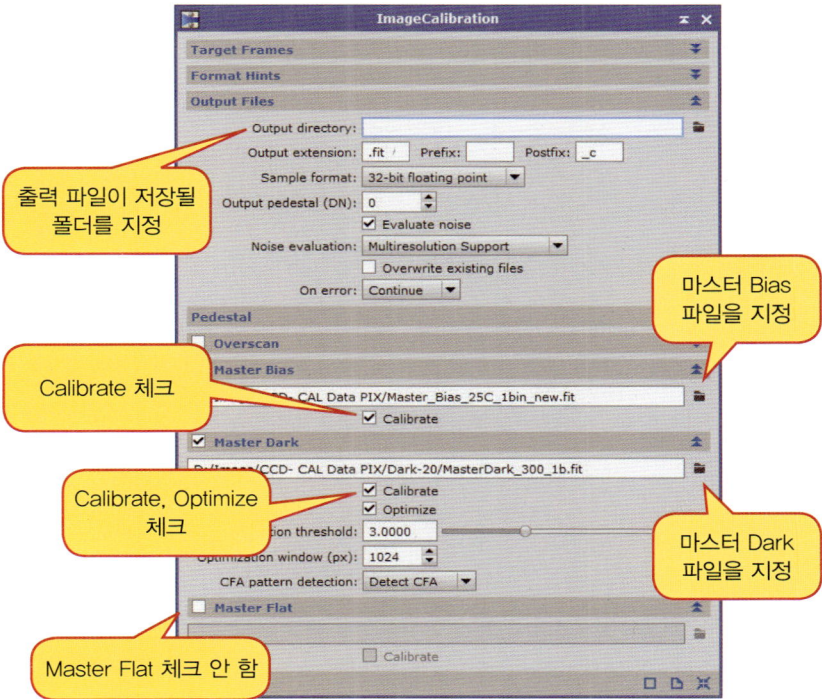

ImageCalibration 창

4) 마스터 Flat 파일 생성

① ImageIntegration 창을 오픈합니다.

② 'Add Files' 버튼을 클릭하여 Calibration이 완료된 Flat 파일(_c)들을 추가합니다.

③ 그림의 옵션을 참조해서 입력합니다.

④ 창 하단의 Apply Global(●) 버튼을 클릭하여 Integration을 실행합니다.

⑤ Gray integration 파일을 마스터 Flat 파일로 저장합니다.

※ 2bin 대상도 촬영한다면 2bin 마스터 Flat 파일도 생성해둬야 합니다.

※ 리스트에 추가된 처리 파일에 1bin과 2bin 파일이 서로 섞여 있거나, 마스터 Bias, Dark 파일과 처리할 파일의 binning이 서로 일치하지 않으면 Incompatible image geometry 에러가 발생하고 실행이 중단됩니다.

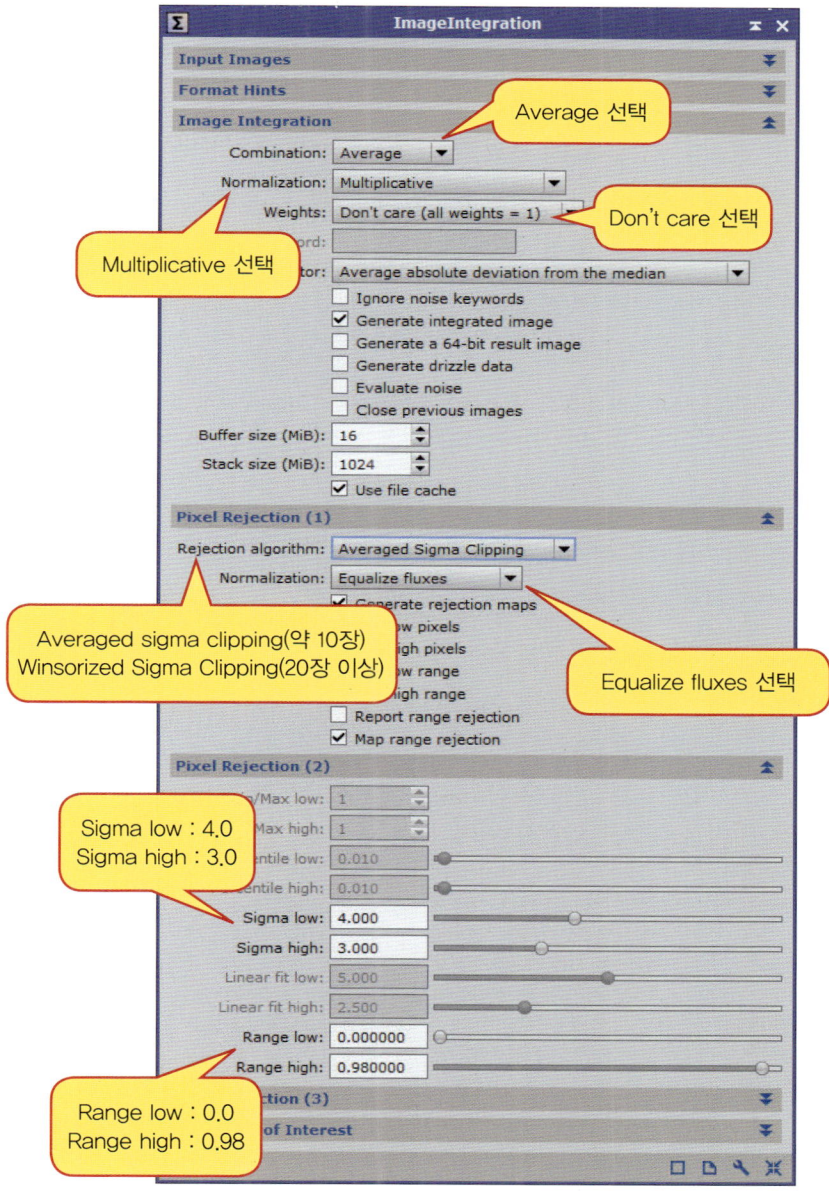

ImageIntegratoin 창

3 이미지 캘리브레이션

1) 촬영된 이미지(Light frame)의 캘리브레이션(Calibration) 실행

① ImageCalibration 창을 오픈합니다.

② 'Add Files' 버튼을 클릭하여 촬영된 이미지 파일들을 추가합니다.

③ 그림의 옵션을 참조해서 입력합니다.

④ 창 하단의 Apply Global(●) 버튼을 클릭하여 ImageCalibration을 실행합니다.

※ LRGB 각각에 대해 모두 실행합니다.

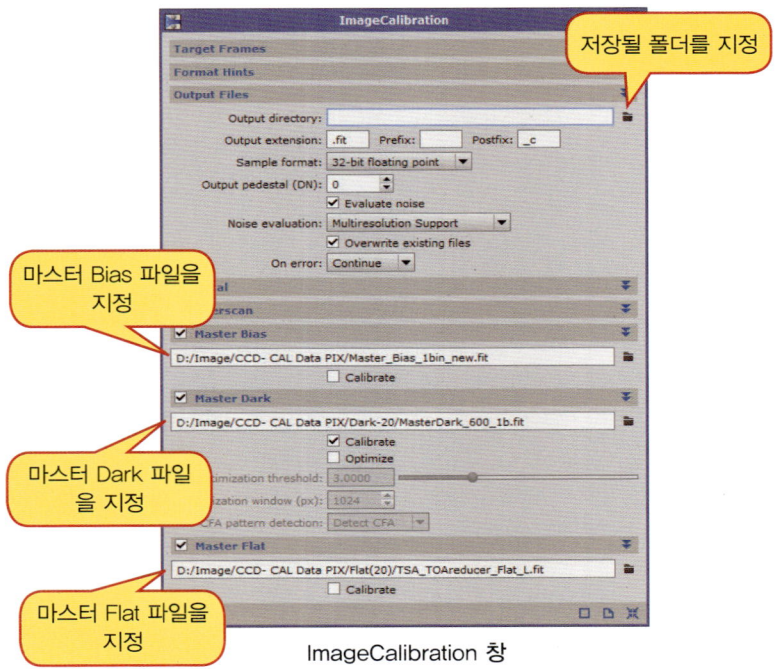

ImageCalibration 창

2) Mono RAW를 Color RAW 파일로 변환(Mono RAW 파일인 경우)

▶ Single Debayer Processing(화면에 열려 있는 이미지 한 장을 처리)

① Debayer 창을 오픈합니다.

② 그림을 참조하여 옵션을 지정합니다(*Canon DSLR RAW 파일 패턴은 RGGB).

③ New Instance( ) 버튼을 이미지 위로 끌어놓습니다.

④ 분리된 각각의 RGB 파일을 별도로 저장합니다.

▶ Batch Debayer Script(여러 장을 한 번에 실행하고 저장)

① SCRIPT > BATCH Processing > BatchDebayer 창을 오픈합니다.

② 변환 대상 파일들을 리스트에 추가합니다.

③ Output Directory 옵션의 Select 버튼을 눌러 저장 폴더를 지정합니다.

④ Execute 버튼을 클릭하여 Debayer를 실행합니다.

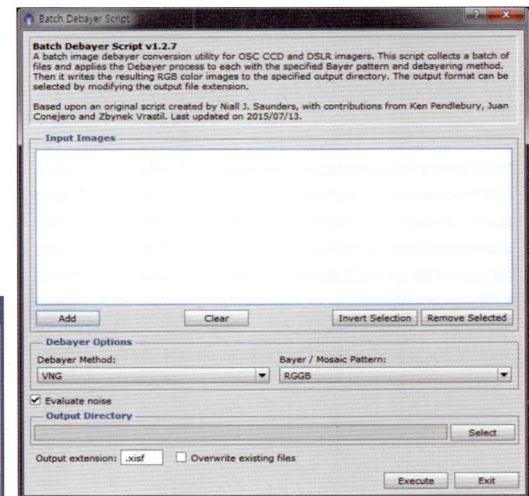

Single processing

Batch Script
(SCRIPT > BATCH Processing > BatchDebayer)

3) Color RAW를 RGB Image로 분리(Color RAW 파일인 경우)

▶ Single Channel Extraction Processing(화면에 열려 있는 이미지 한 장을 처리)

① ChannelExtraction 창을 오픈합니다.

② New Instance(▶) 버튼을 이미지 위로 끌어놓습니다.

③ 분리된 각각의 RGB 파일을 별도로 저장합니다.

▶ Batch Channel Extraction Script(여러 장을 한 번에 실행하고 저장)

① SCRIPT > BATCH Processing > BatchChannelExtraction 창을 오픈합니다.

② 'Add Files' 버튼을 눌러 변환 대상 파일들을 리스트에 추가합니다.

③ 각 RGB Output Dir에 저장할 폴더를 지정합니다.

④ Execute 버튼을 클릭하여 ChannelExtraction을 실행합니다.

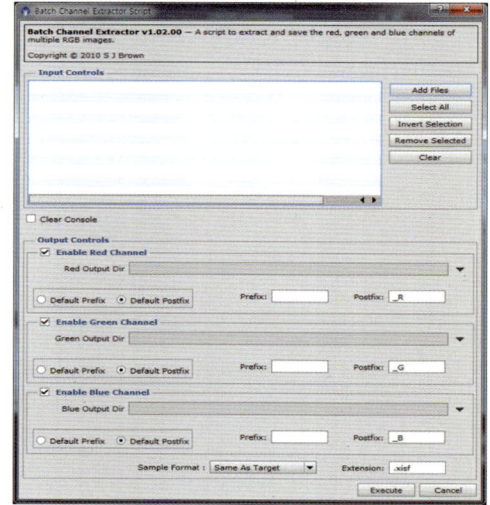

Single processing

Batch Script
(SCRIPT > BATCH Processing > BatchChannelExtraction)

4) LinearFit 실행(Color RAW 파일을 RGB 분리한 경우)

▶ Single Linear Fit Processing(화면에 열려 있는 이미지 한 장을 처리)

① LinearFit 창을 오픈합니다.

② Reference image 옵션에서 기준 이미지를 선택합니다.

③ New Instance( ) 버튼을 적용할 이미지 위로 끌어놓습니다.

▶ Batch Linear Fit Script(여러 장을 한 번에 실행하고 저장)

① SCRIPT > BATCH Processing > BatchLinearFit 창을 오픈합니다.

② 'Add' 버튼을 눌러 적용 대상 파일들을 리스트에 추가합니다.

③ Output Directory에 저장할 폴더를 지정합니다.

④ OK 버튼을 클릭하여 LinearFit를 실행합니다.

☞ 이 프로세스의 실행으로 각기 다른 밝기 레벨이 기준 이미지와 동일한 수준으로 맞춰집니다.

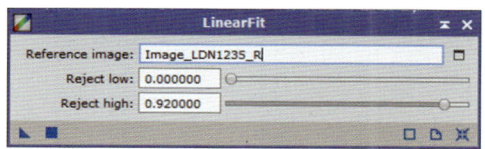

Single processing

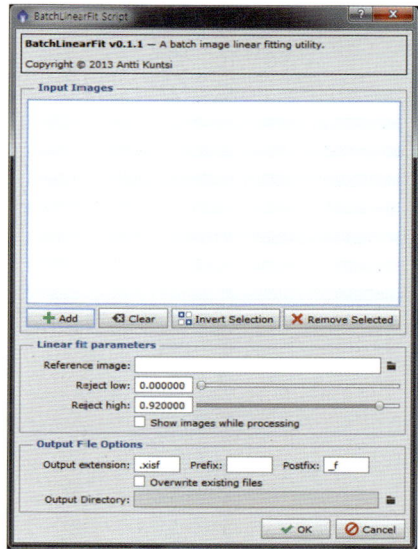

Batch Script
(SCRIPT > BATCH Processing > BatchLinearFit)

5) StarAlignment 실행

① StarAlignment 창을 오픈합니다.

② 'Add Files' 버튼을 클릭하여 이미지 파일들을 오픈합니다.

③ Reference image 옵션에서 파일(File ▼)을 선택하고 Select(▼) 버튼을 눌러, 리스트의 파일 중 기준 이미지로 사용할 파일을 하나 선택합니다.

④ Output Directory 옵션에 저장될 폴더를 지정합니다.

⑤ Apply Global(●) 버튼을 클릭하여 StarAlignment를 실행합니다.

☞ 이 프로세스의 실행으로 크기나 위치가 각기 다른 이미지들이 지정한 기준 이미지로 모두 맞춰지게 됩니다.

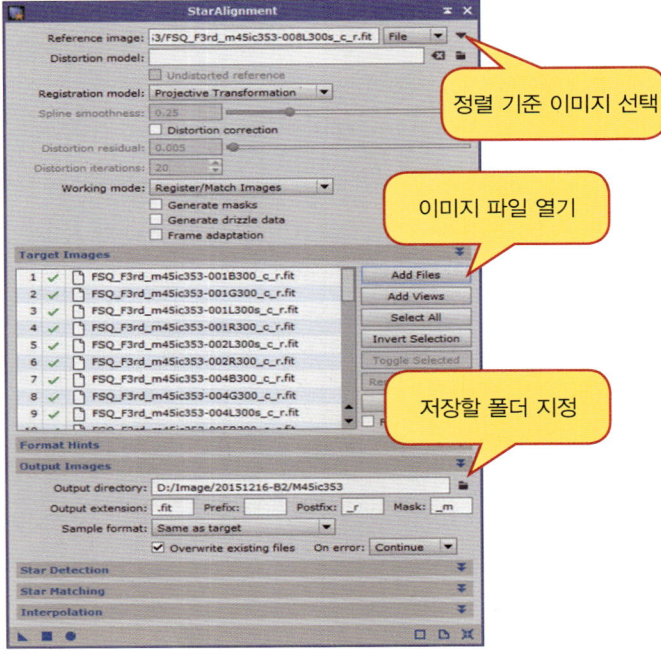

StarAlignment 창

6) CosmeticCorrection 실행

① CosmeticCorrection 창을 오픈합니다.

② 'Add Files' 버튼을 클릭하여 이미지 파일들을 오픈합니다.

③ 리스트에 열려 있는 이미지 중 하나를 더블 클릭하여 오픈합니다.

④ Preview(◯) 버튼을 눌러 즉각적인 옵션 적용 결과를 확인하고, 최적의 옵션 값을 결정합니다.

⑤ 그림의 옵션을 참조합니다.

⑥ Output Directory 옵션에 저장될 폴더를 지정합니다.

⑦ Apply Global(●) 버튼을 클릭하여 CosmeticCorrection을 실행합니다.

☞ 이 프로세스의 실행으로 이미지에 남아 있는 핫 픽셀(Hot pixel, CCD 온도 상승으로 인해 발생한 이상 pixel)과 콜드 픽셀(Cold pixel, 반응이 없는 pixel)이 제거됩니다.

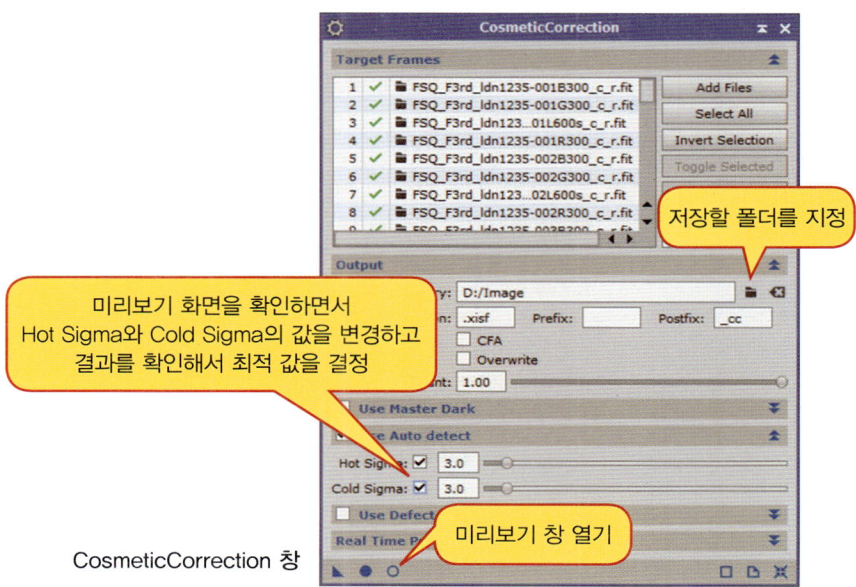

CosmeticCorrection 창

4 이미지 합성

1) 합성 이미지 생성

① ImageIntegration 창을 오픈합니다.

② 'Add Files' 버튼을 클릭하여 Align 완료된 이미지 파일들을 오픈합니다.

③ 그림의 옵션을 참조하여 입력합니다.

④ 창 하단의 Apply Global(●) 버튼을 클릭하여 Integration을 실행합니다.

⑤ 합성 파일인 Gray integration 파일이 생성됩니다.

※ LRGB 각각의 이미지들을 모두 합성합니다.

합성이 완료된 이미지는 어둡게 보일 수 있으며, ScreenTransferFunction 창의 Auto Stretch(☢) 버튼을 클릭하면 밝게 확인할 수 있습니다.

☞ 이 프로세스의 실행으로 여러 장의 이미지가 합성되면서 불규칙 패턴의 노이즈가 감소되고, 디테일이 살아납니다.

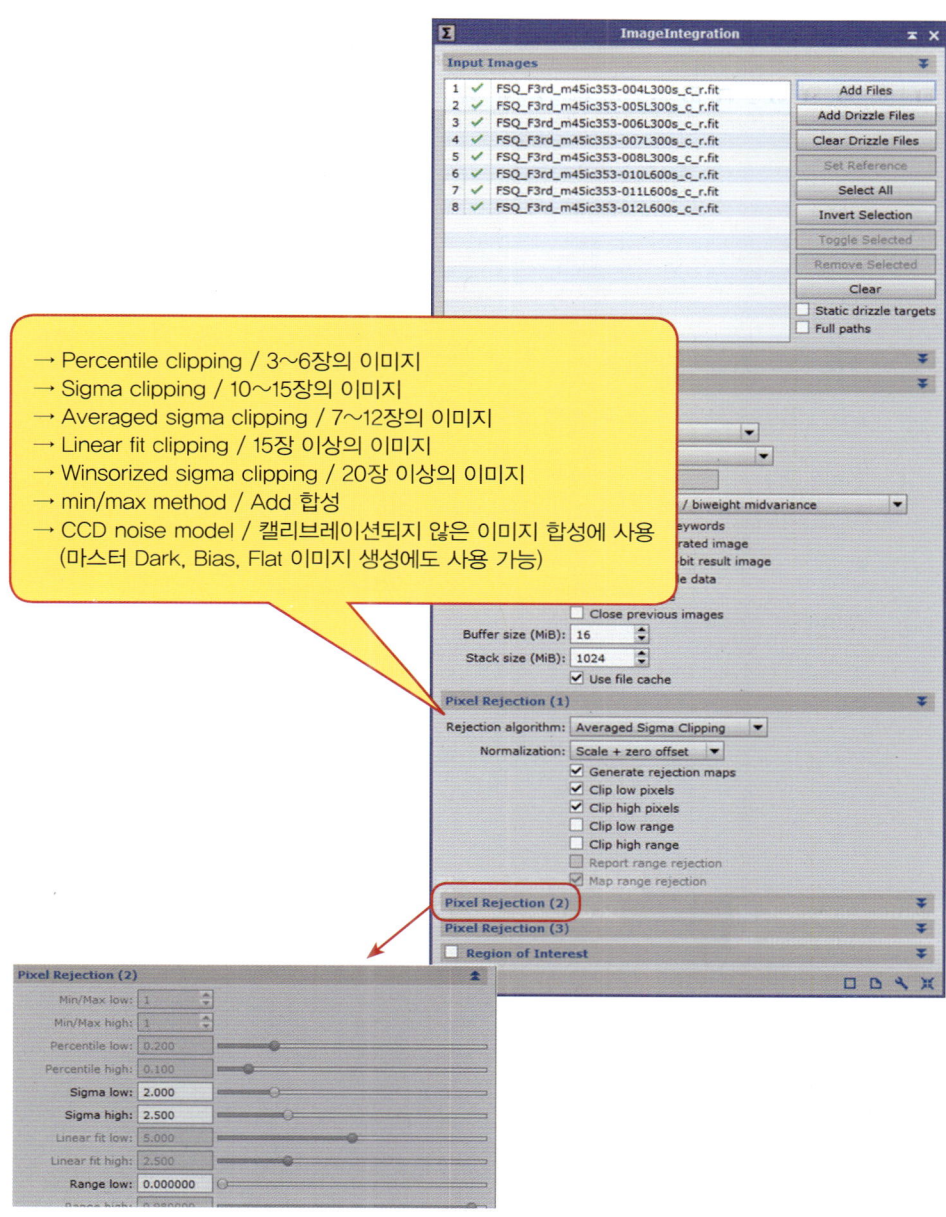

→ Percentile clipping / 3~6장의 이미지
→ Sigma clipping / 10~15장의 이미지
→ Averaged sigma clipping / 7~12장의 이미지
→ Linear fit clipping / 15장 이상의 이미지
→ Winsorized sigma clipping / 20장 이상의 이미지
→ min/max method / Add 합성
→ CCD noise model / 캘리브레이션되지 않은 이미지 합성에 사용
   (마스터 Dark, Bias, Flat 이미지 생성에도 사용 가능)

ImageIntegration 창

5　L 이미지 처리

1) DynamicCrop 실행

① L 이미지의 잘라낼 영역을 선택합니다.

② New Instance(　) 버튼을 끌어 PixInsight 바탕화면에 끌어놓습니다.

　※ Crop 아이콘(Process02)이 바탕에 생성됩니다(단, Process 번호는 설명과 다를 수 있음). 이 아이콘은 RGB 이미지 조합 후에 다시 사용할 예정이니 바탕화면에 그대로 보관합니다.

　※ Crop 아이콘의 이름을 바꾸려면 Crop 아이콘 우측 구석의 작은 'N' 글자를 클릭하거나, 아이콘 위에서 마우스 우측 버튼을 클릭하여 나타나는 메뉴 중 'Set Icon Identifier…' 메뉴를 선택합니다.

③ Crop 창에서 Execute(　) 버튼을 눌러 Crop을 실행하고, Crop 창을 닫습니다.

　☞ 이 프로세스의 실행으로 이미지 완성에 불필요한 외곽 부분이 정리됩니다.

DynamicCrop 적용 과정

4장 딥스카이 사진 처리 / PixInsight 141

2) 남아 있는 비넷 제거

① DynamicBackgroundExtraction(=DBE) 창을 오픈합니다.

② DBE 창이 뜨면 (합성 완료된) 처리할 이미지를 한 번 클릭(Activate)합니다.

③ 그림의 옵션을 참고하여 Tolerance와 Samples per row 값을 입력하고, 'Generate' 버튼을 클릭합니다.

④ 그림의 Target Image Correction 옵션을 입력 후 Execute(✔) 버튼을 클릭합니다.

⑤ DBE 완료 후 닫기(✖) 버튼을 클릭하여 DBE 창을 닫고 생성된 Integration_background 창도 닫습니다.

☞ 이 프로세스의 실행으로 이미지에 남아 있던 비넷(Vignette, 외곽이 어둡게 촬영되는 현상)이 제거됩니다.

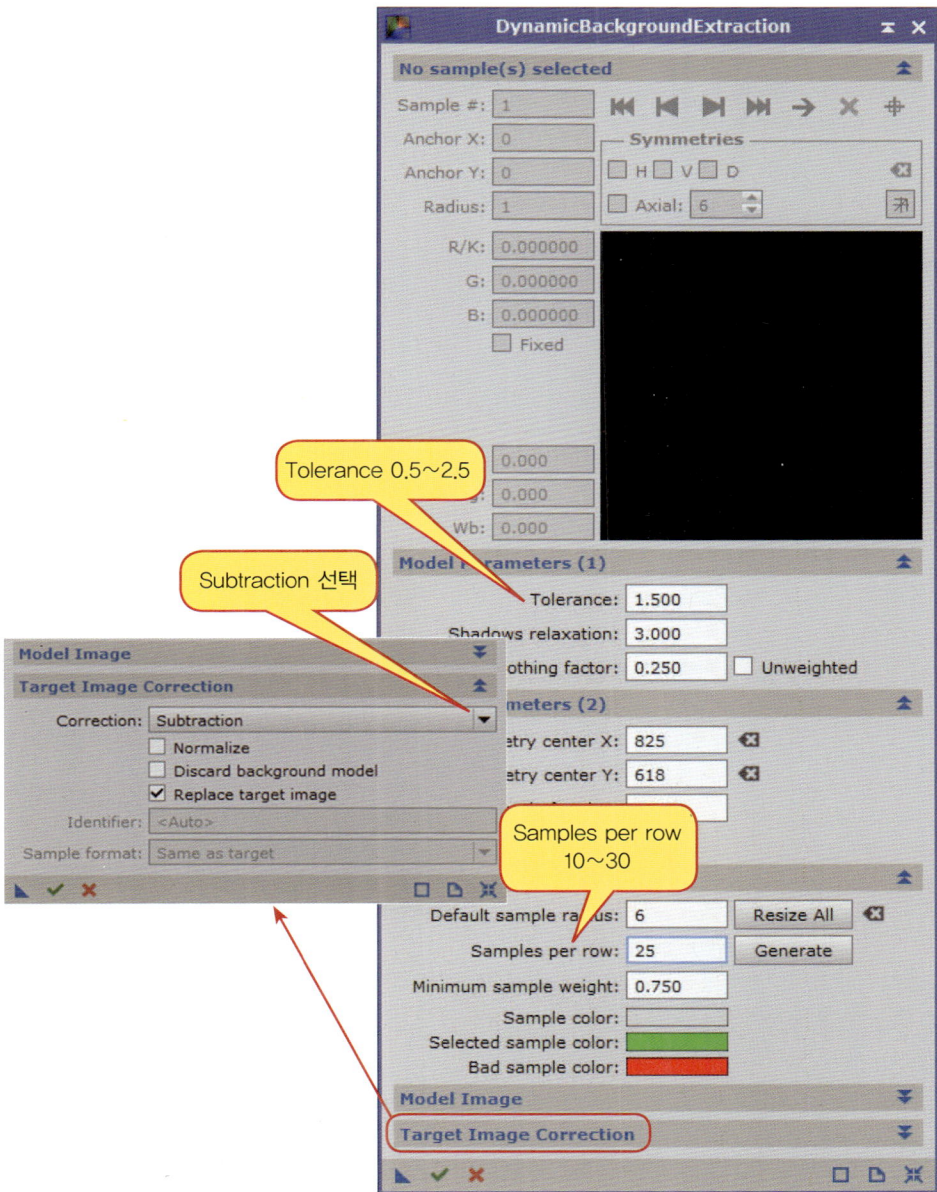

DBE 창

3) HistogramTransformation 적용

① HistogramTransformation(=HT) 창을 오픈합니다.
② 변환 대상 이미지를 클릭하여 Activate시키고, ScreenTransferFunction (=STF) 화면의 New Instance(![]) 버튼을 끌어서 HT 창의 하단 바에 놓습니다.
③ HT 화면의 Apply(![]) 버튼을 클릭합니다.
④ 변환 대상 이미지가 하얗게 포화된 상태에서 STF 창의 하단 맨 오른쪽 Reset (![]) 버튼을 클릭합니다.

☞ 이 프로세스의 실행으로 Linear 이미지가 Non-linear 이미지로 변경됩니다.

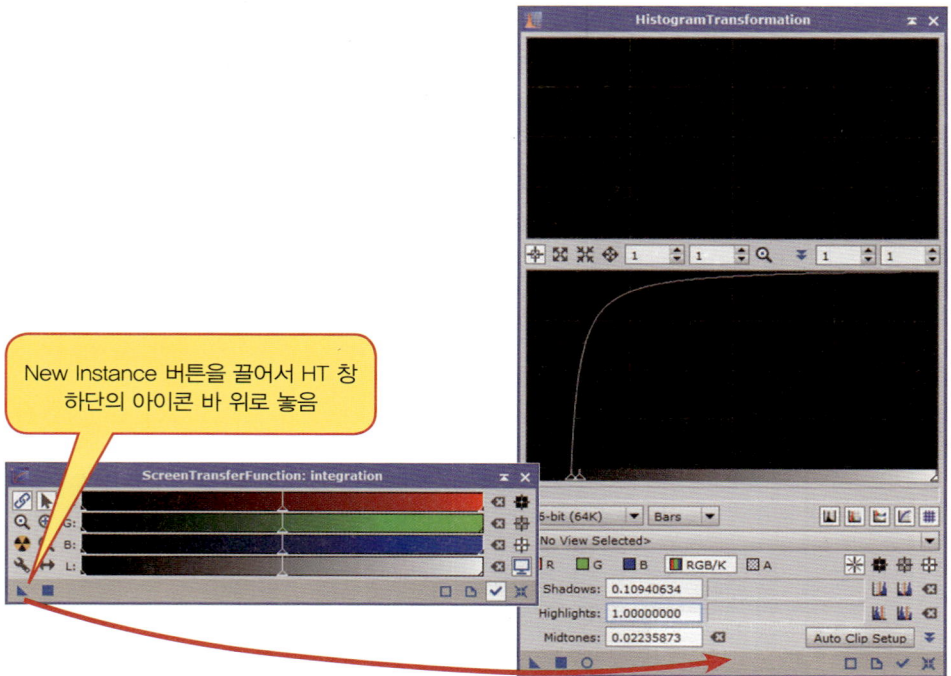

HistogramTransformation 적용 과정

4) MultiscaleMedianTransform 적용

① MultiscaleMedianTransform 창을 오픈합니다.

② 그림의 옵션을 입력하고 New Instance( ) 버튼을 이미지 위로 끌어놓습니다.

☞ 이 프로세스의 실행으로 L 이미지에 남아 있는 노이즈의 일부가 제거됩니다.

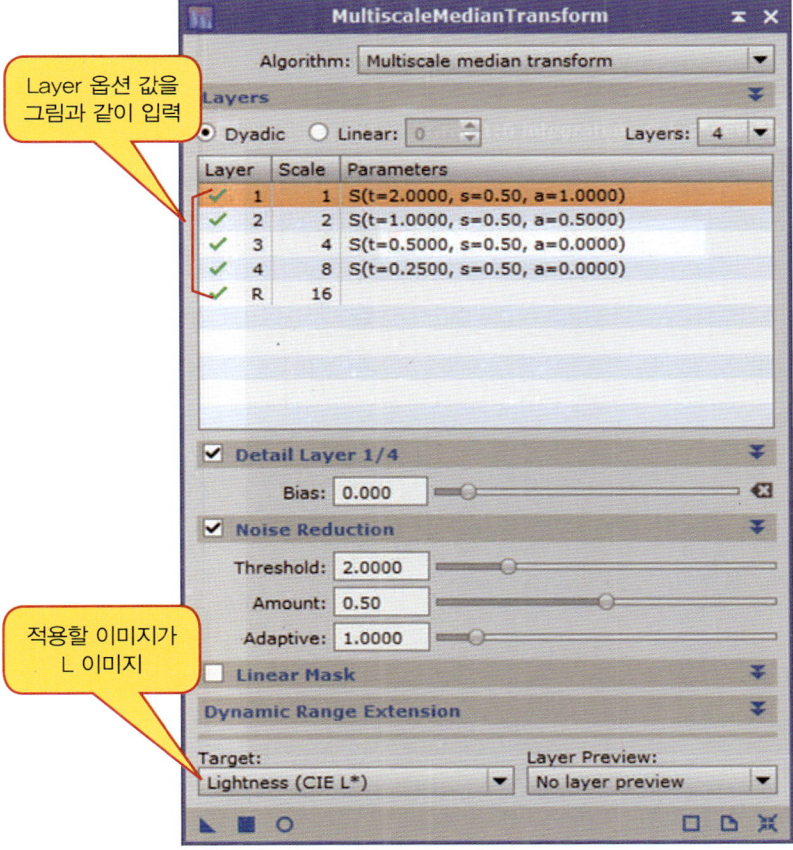

MultiscaleMedianTransform 창

6 RGB 이미지 처리

1) RGB 컬러 조합

① LRGBCombination 창을 열고 합성된 RGB 이미지를 각각 지정합니다.

② Transfer Functions 옵션(색상과 밝기의 비율)을 적절히 조정합니다.

예를 들면, Lightness 0.6과 Saturation 0.4를 지정하면 색상 : 밝기는 비율상 반대로 4(밝기) : 6(색상)으로 색상이 더 강하게 표현됩니다. 즉, 숫자가 작을수록 비중이 높아집니다.

③ 필요 시 Channel Weights 옵션을 변경하여 RGB 비율을 조절합니다.

④ Apply Global(●) 버튼을 눌러 RGB 컬러 조합을 합니다.

※ 조합 후의 이미지는 컬러입니다. Auto Stretch(☢) 버튼을 눌러봐서 컬러가 잘 표현되지 않았다면, 생성된 창을 닫고, Transfer Functions의 Lightness 옵션 값을 더 크게 수정하고, Saturation 옵션 값을 더 작게 수정해서 다시 조합합니다.

※ 조합된 이미지가 특정한 색상으로 가득 차 있으면 ScreenTransferFunction 창의 Link RGB Channels(🔗) 버튼을 누른 후, 다시 Auto Stretch(☢) 버튼을 누릅니다.

☞ 이 프로세스의 실행으로 RGB가 조합되어 한 장의 컬러 사진이 생성됩니다.

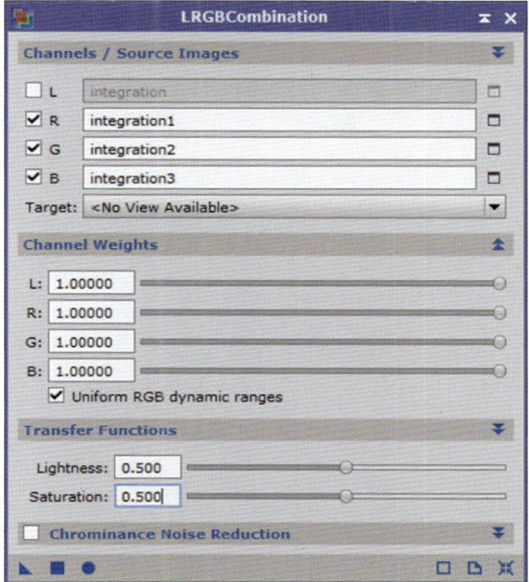

LRGBCombination 창

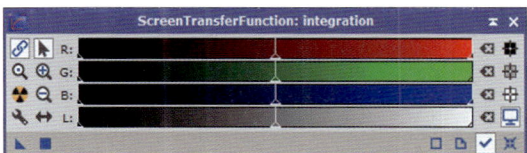

ScreenTransferFunction 창

2) DynamicCrop 실행

① 바탕화면에 생성했던 Crop 아이콘(Process02)을 조합된 RGB 이미지 위에 끌어놓습니다.

② L 이미지에 적용했던 크기와 동일하게 자동으로 Crop 적용됩니다.

☞ 이 프로세스의 실행으로 이미지 완성에 불필요한 외곽 부분이 L 이미지의 Crop 좌표와 동일하게 적용됩니다.

3) 남아 있는 비넷 제거

① DynamicBackgroundExtraction(=DBE) 창을 오픈합니다.

② DBE 창이 뜨면 (조합 완료된) 처리할 이미지를 한 번 클릭하여 Activate시킵니다.

③ 그림의 옵션을 참고하여 Tolerance 와 Samples per row 값을 입력하고, 'Generate' 버튼을 클릭합니다.

④ 그림의 Target Image Correction 옵션을 입력 후 Execute(✔) 버튼을 클릭합니다.

⑤ DBE 완료 후 닫기(✖) 버튼을 클릭하여 DBE 창을 닫고 생성된 Integration_background 창도 닫습니다.

☞ 이 프로세스의 실행으로 이미지에 남아 있던 비넷이 제거됩니다.

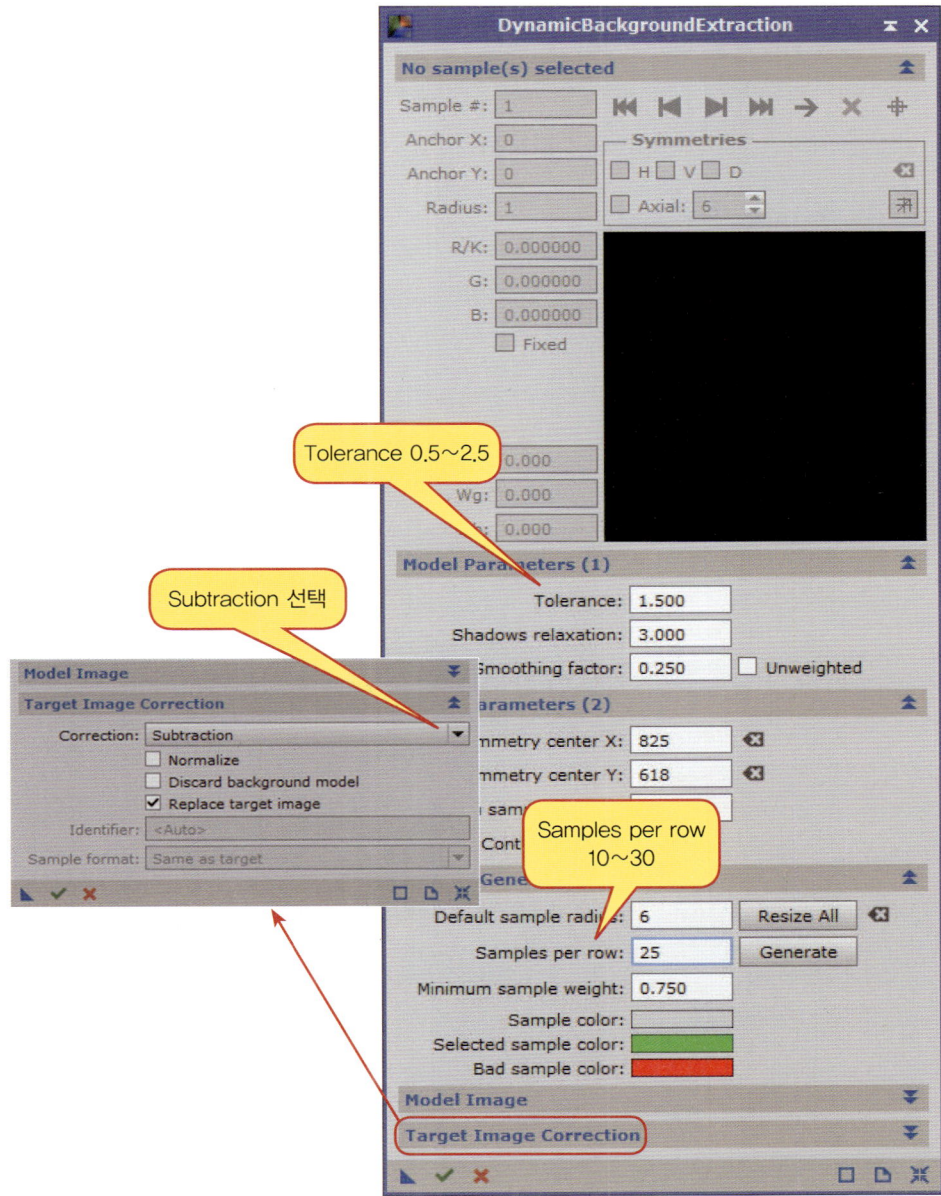

DBE 창

4) BackgroundNeutralization 실행

① PixInsight 상단 메뉴 바에서 New Preview( ) 아이콘을 클릭하고, 적용할 원본 이미지에서 외곽 부분의 별이 거의 없는 영역을 선택합니다.

② BackgroundNeutralization 창을 오픈합니다.

③ Reference image 옵션을 열어 New Preview 영역을 지정(Preview01)합니다.

④ New Instance( ) 버튼을 원본 이미지 위에 끌어놓습니다.

☞ 이 프로세스의 실행으로 자연스러운 배경 색상이 적용됩니다.

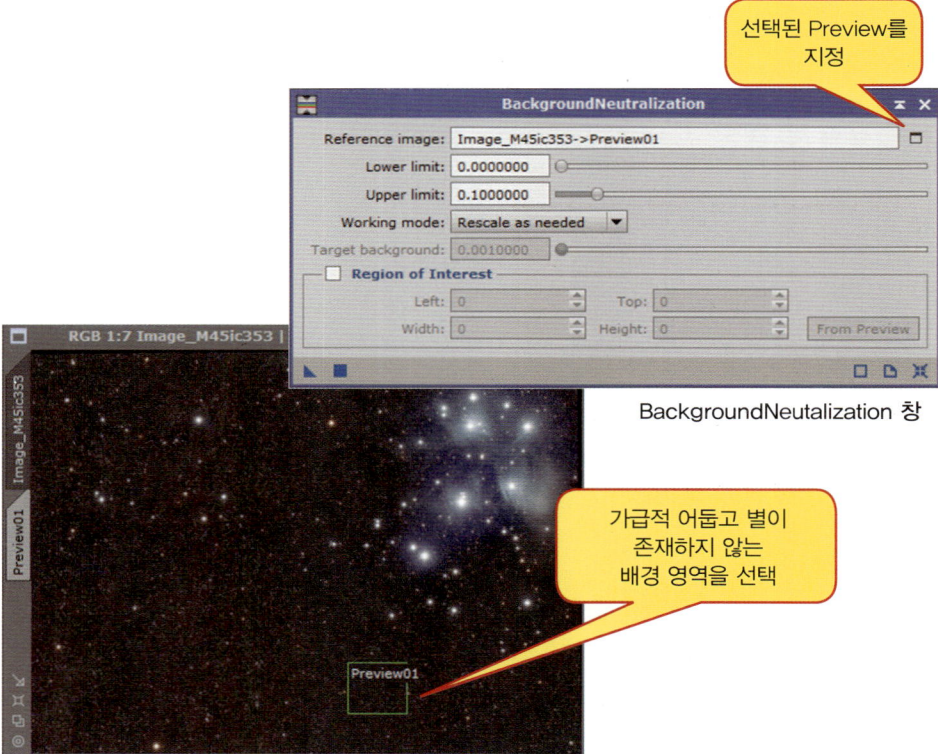

BackgroundNeutalization 창

BackgroundNeutralization Preview 영역 설정

5) ColorCalibration 실행

① PixInsight 상단 메뉴 바에서 New Preview(▢) 아이콘을 다시 한 번 클릭하고 적용할 원본 이미지에서 색상이 존재하는 중심 영역을 선택합니다.

② ColorCalibration 창을 오픈합니다.

③ White Reference > Reference image 옵션을 열어 선택한 영역(Preview02)을 지정합니다.

④ Background Reference > Reference image 옵션을 열어 이전에 선택한 외곽 부분의 창(Preview01)을 지정합니다.

⑤ New Instance(▶) 버튼을 원본 이미지 위에 끌어놓습니다.

☞ 이 프로세스의 실행으로 색상 균형(Color balance)이 이뤄집니다.

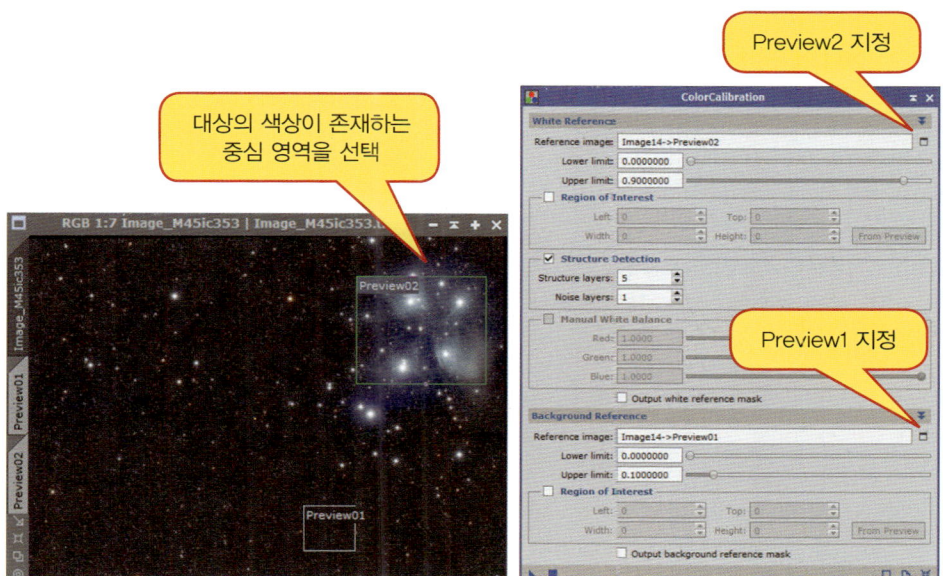

ColorCalibration Preview 영역 설정   ColorCalibration 창

6) HistogramTransformation 적용

① HistogramTransformation 창을 오픈합니다.

② 변환 대상 이미지를 클릭하여 Activate시키고, STF 화면의 New Instance( ) 버튼을 끌어서 HT 창의 하단 바에 놓습니다.

③ HT 화면의 Apply( ) 버튼을 클릭합니다.

④ 변환 대상 이미지가 하얗게 포화된 상태에서 STF 창 하단 맨 오른쪽 Reset( ) 버튼을 클릭합니다.

☞ 이 프로세스의 실행으로 Linear 이미지가 Non-linear 이미지로 변경됩니다.

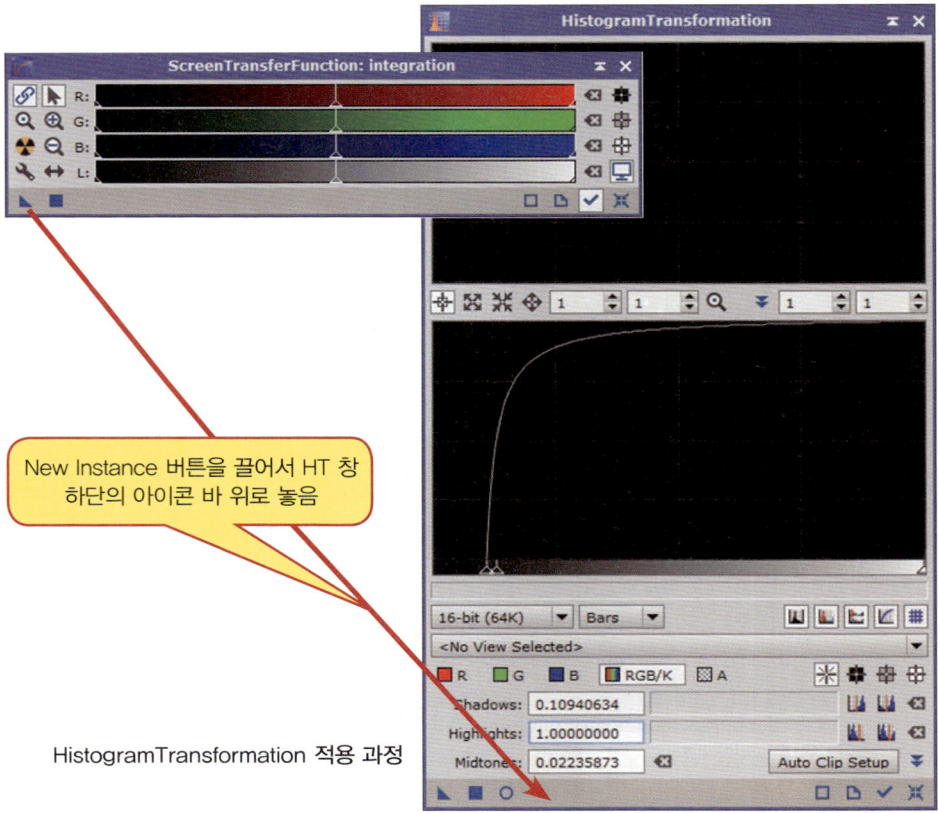

New Instance 버튼을 끌어서 HT 창 하단의 아이콘 바 위로 놓음

HistogramTransformation 적용 과정

7) SCNR 적용

① SCNR 창을 오픈합니다.

② 'Color to remove' 옵션에서 Green을 선택합니다.

③ New Instance( ) 버튼을 원본 이미지에 끌어놓습니다.

☞ 이 프로세스의 실행으로 녹색 채널의 노이즈가 제거됩니다.

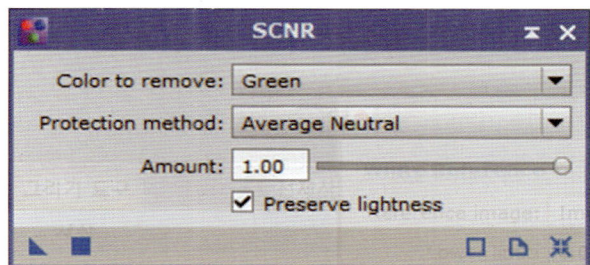

SCNR 창

7 LRGB 이미지 처리

1) LRGB 조합

① LRGBCombination 창을 오픈합니다.

② L 체크박스를 체크하고 합성된 L 이미지를 지정합니다.

③ RGB 옵션의 각 체크박스는 해제합니다.

④ New Instance( ) 버튼을 RGB 조합된 컬러 이미지 위에 끌어놓습니다.

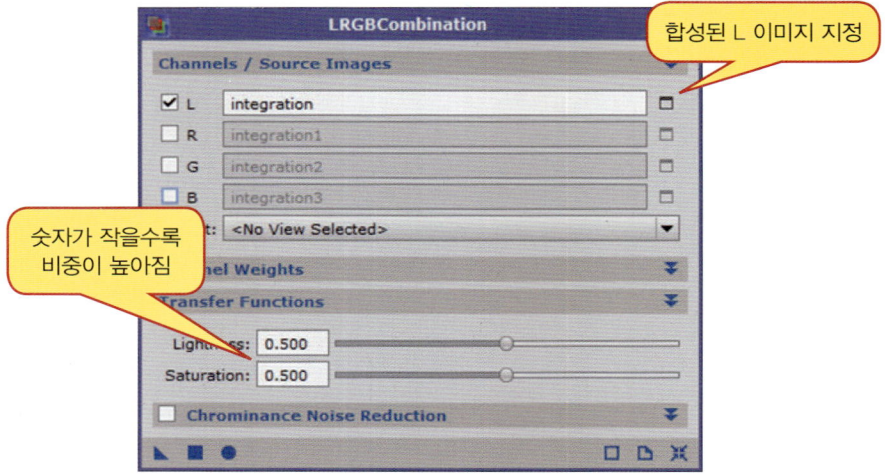

LRGBCombination 창

※ Narrow Band : LRGB 조합 기능을 이용하여 S_2 : H_α : O_3 조합(Hubble palette), 또는 SCRIPT > Multchannel Synthesis > SHO AIP 프로세스를 이용합니다.

※ H_αRGB : LRGB 조합 기능을 이용하여 H_αRGB 조합, 또는 SCRIPT > Multchannel Synthesis > H_αRVB-AIP 프로세스를 이용합니다.

※ H_αLRGB : LRGB 조합한 후 다시 RGB로 분리합니다.
LRGB 조합 기능을 이용하여 H_αRGB 조합, 또는 SCRIPT > Multchannel Synthesis > H_αRVB-AIP 프로세스를 이용합니다.

※ [RGB] + Narrow Band : SCRIPT > Utilities > NBRGBCombination 프로세스를 이용합니다.

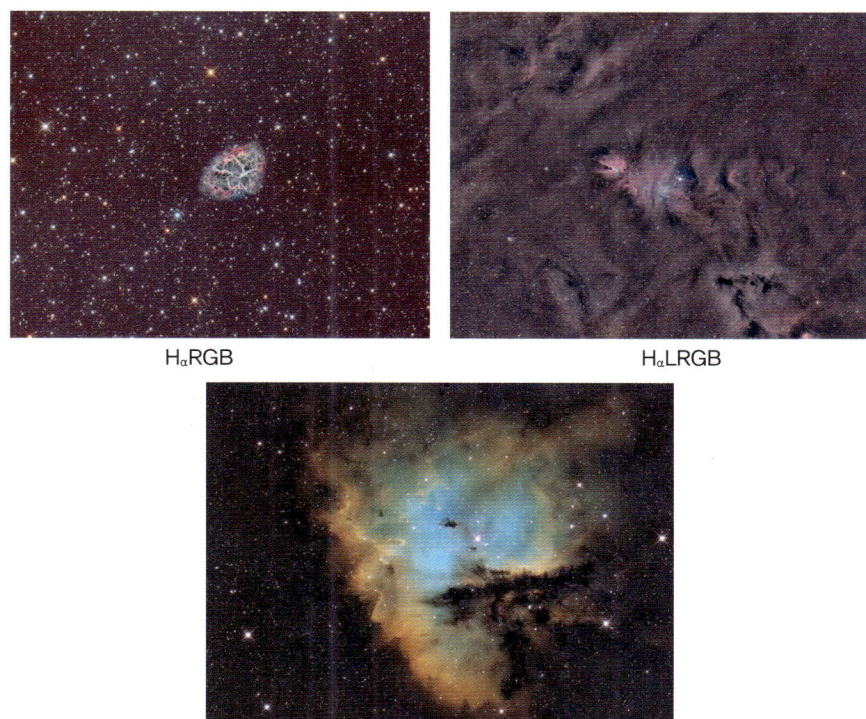

H_αRGB H_αLRGB

$S_2H_\alpha O_3$(Narrow Band)

8. 유용한 프로세스들

1) StarMask

① StarMask 창을 오픈합니다.

② New Instance( ) 버튼을 이미지 위에 끌어놓습니다.

③ 몇 초 후 별들만 추출된 이미지가 생성됩니다.

④ 추출된 이미지의 좌측 Star_mask 글자 부분을 마우스로 끌어 처리 이미지의 좌측 제목(Title) 아래쪽 빈 부분에 올려놓습니다.

⑤ 이로써 별만 선택된 이미지가 되며, 이후 적용되는 이미지 처리 프로세스는 별에만 적용됩니다.

※ Invert mask( )를 클릭하면 마스크가 반전되어 별이 마스킹됩니다. 마스크 제거는 Remove mask( ).

☞ 이 프로세스를 적용하면 별을 제외한 부분을 마스킹할 수 있으며, 이후 적용되는 프로세스에서 마스킹이 적용된 부분의 처리는 제외됩니다.

Mask 메뉴 아이콘

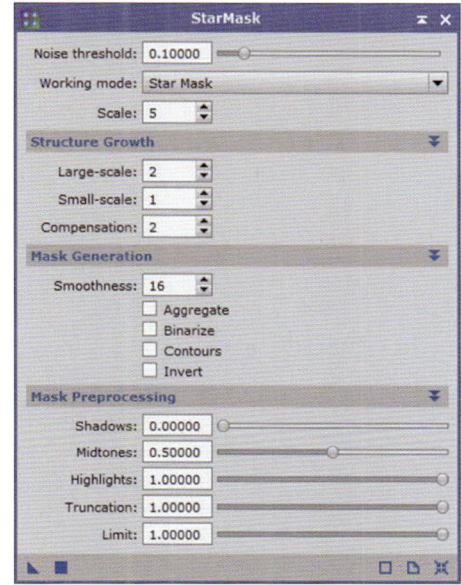

StarMask 창

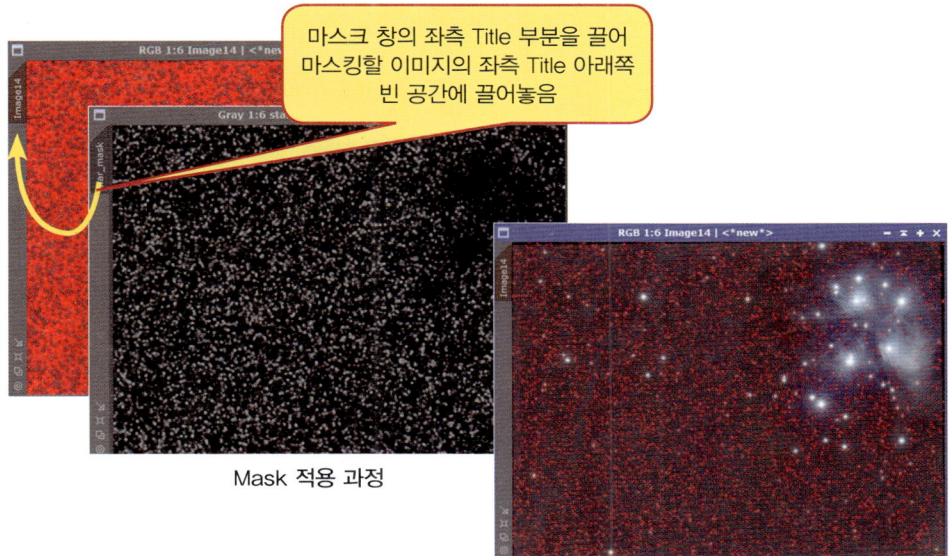

Mask 적용 과정

마스크 창의 좌측 Title 부분을 끌어 마스킹할 이미지의 좌측 Title 아래쪽 빈 공간에 끌어놓음

Invert mask 적용 화면

4장 딥스카이 사진 처리 / PixInsight 157

2) HDRMultiscaleTransform

① HDRMultiscaleTransform 창을 오픈합니다.

② Number of layers 와 Number of iterations 옵션을 조정합니다.

③ New Instance(![]) 버튼을 이미지에 끌어놓습니다.

> ※ 이 프로세스는 L 이미지에 적용하는 것이 좋습니다.
> 컬러 이미지라면 먼저 L 이미지를 추출(Image > Extract > Lightness)하고, HDR 적용 후 LRGBCombination 적용합니다.

☞ 이 프로세스는 밝게 포화된 부분의 디테일을 살려줍니다.

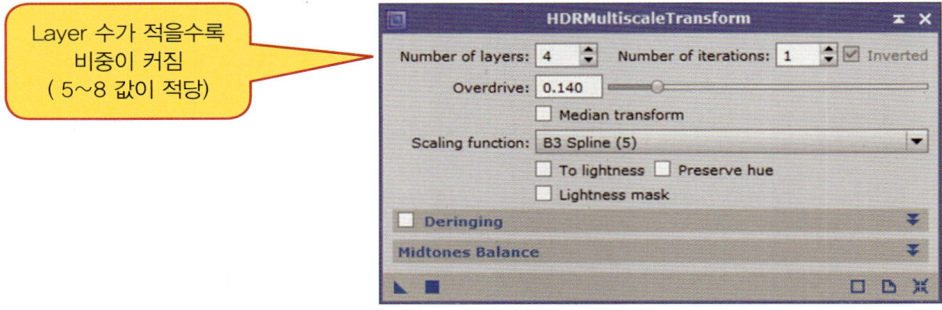

Layer 수가 적을수록 비중이 커짐 (5~8 값이 적당)

HDRMultiscaleTransform 창

3) PixelMath

① PixelMath 창을 오픈합니다.

② 예 : Image_ngc2244_1 × a (Symbols : a=2)

③ New Instance(![]) 버튼을 이미지 위에 끌어놓습니다(Destination 옵션으로 출력 유형을 확인).

☞ 수식에 따라 이미지 Pixel들의 값이 2배로 적용되어, 2배 밝아진 이미지가 생성됩니다.

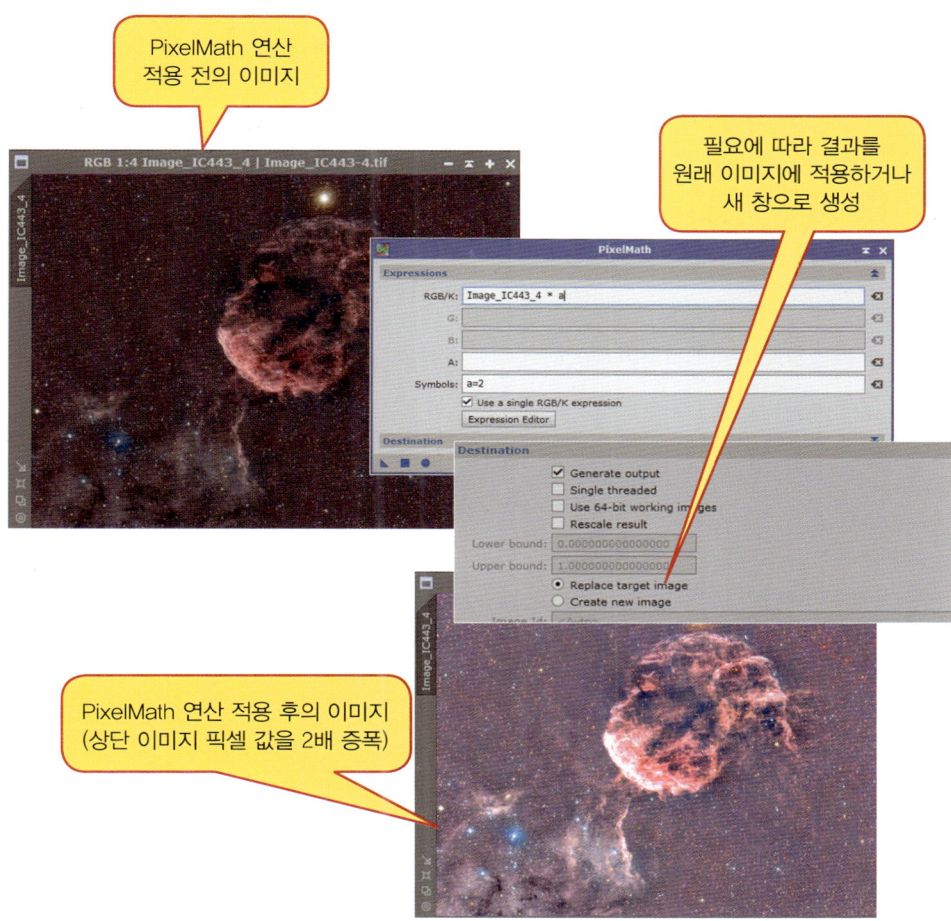

PixelMath 적용 과정

4장 딥스카이 사진 처리 / PixInsight

4) 별상 축소

① StarMask를 적용합니다.

② MorphologicalTransformation 창을 오픈합니다.

③ 그림의 옵션을 참조합니다.

④ New Instance( ) 버튼을 이미지에 끌어놓습니다.

☞ 이 프로세스를 적용하면 별상이 줄어드는 효과가 있습니다.

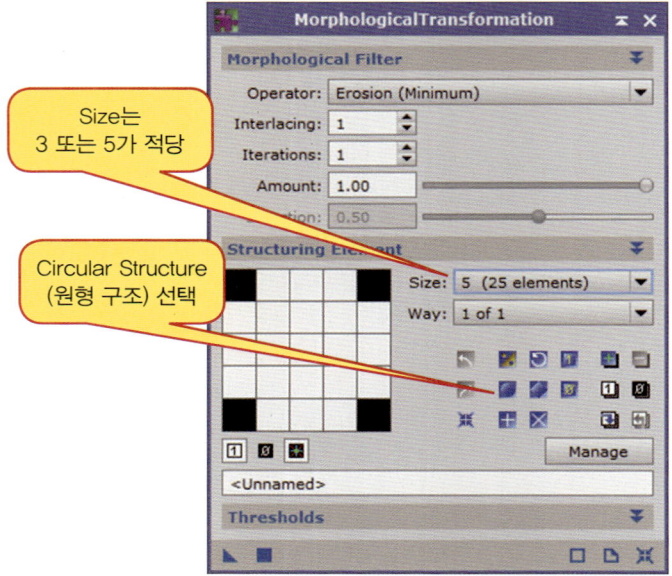

MorphologicalTransformation 창

5) 노이즈 제거

① ACDNR 창을 오픈합니다.

② Lightness와 Chrominance 옵션을 조정합니다.

③ New Instance( ) 버튼을 이미지 위에 끌어놓습니다.

☞ 이 프로세스를 적용하면 노이즈가 일부 제거됩니다.

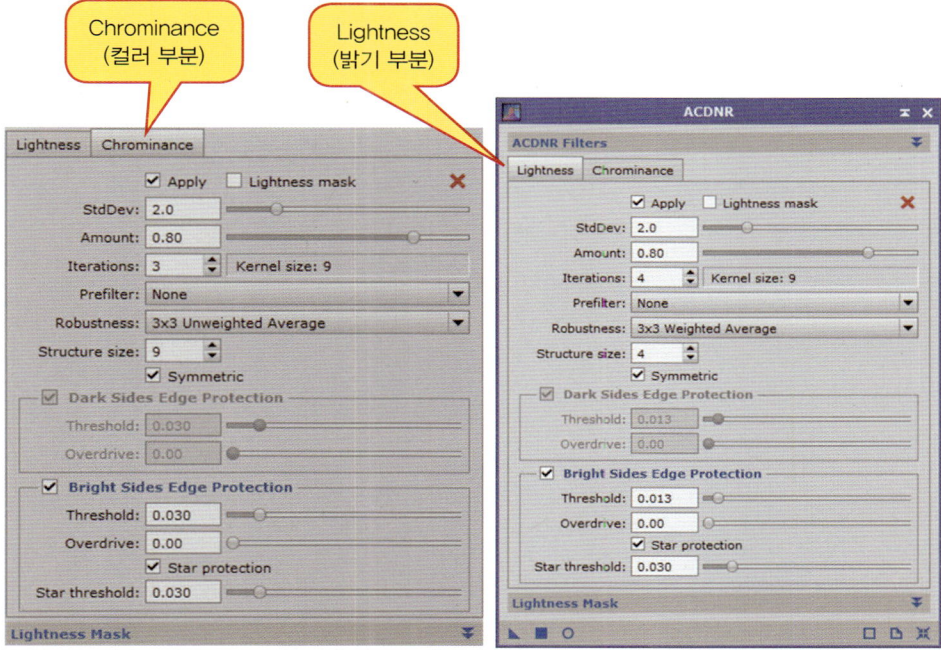

ACDNR 창의 Lightness 탭과 Chrominance 탭

6) 영역 선택

① RangeSelection 창을 오픈합니다.

② 처리 중인 이미지를 한 번 클릭하여 활성화시키고, Preview(○) 버튼을 눌러 미리보기 창을 오픈합니다.

③ 그림의 옵션을 참조하여 미리보기 창을 보면서 옵션을 적절히 조정합니다.

④ 미리보기 창을 닫고, New Instance(▶) 버튼을 이미지에 끌어놓으면 마스크 창이 생성됩니다.

⑤ 마스크 창의 좌측 Title 부분을 끌어 마스킹할 이미지의 좌측 Title 아래쪽 빈 공간에 끌어놓으면 마스킹이 적용됩니다.

※ StarMask 처리 과정과 유사한 처리 과정입니다.

☞ 이후 적용되는 프로세스에서 마스킹이 적용된 부분의 처리는 제외됩니다.

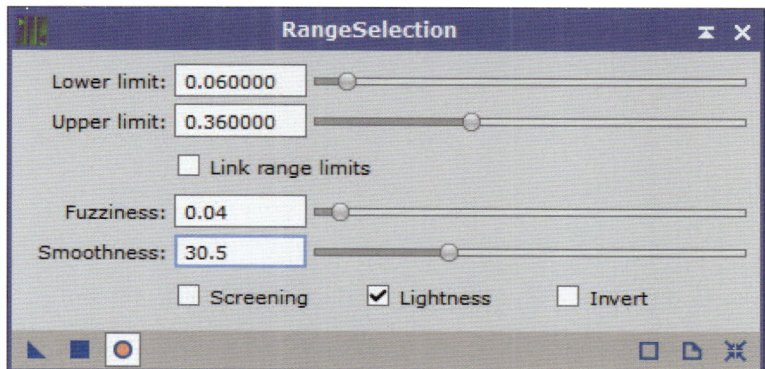

RangeSelection 창

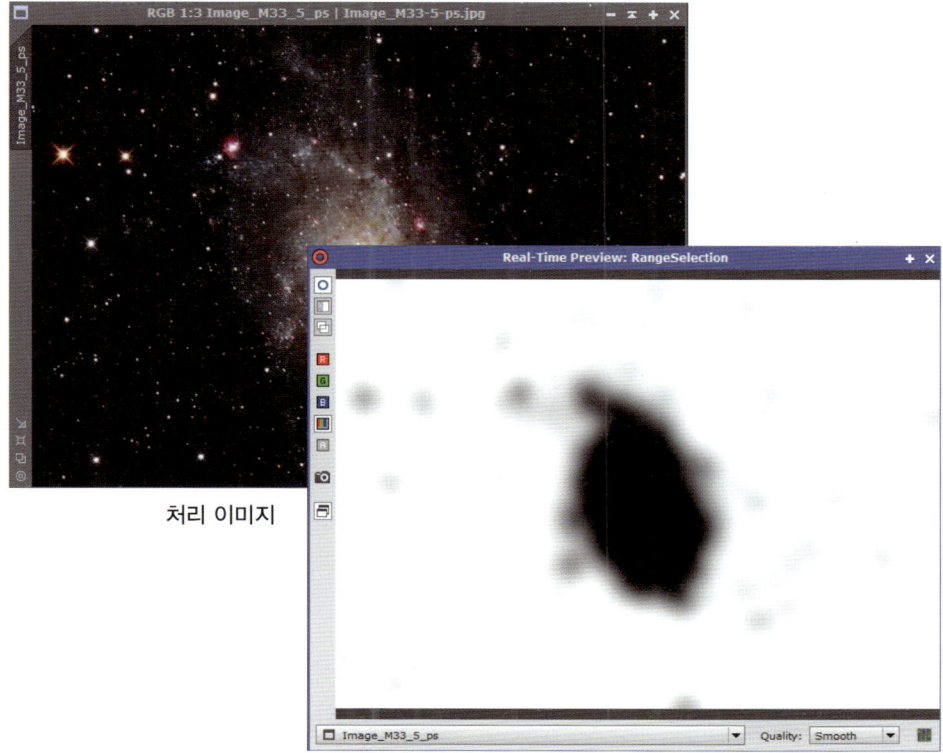

처리 이미지

미리보기 창

9 이미지 처리 예제

1) M20 삼열 성운

경기도 안성에서 촬영한 삼열 성운의 이미지 처리를 진행합니다.

이 대상은 화려한 색상이 전체적으로 퍼져 있고 주변의 암흑대도 적절히 존재하는 성운입니다. 아래는 촬영된 원본 이미지입니다.

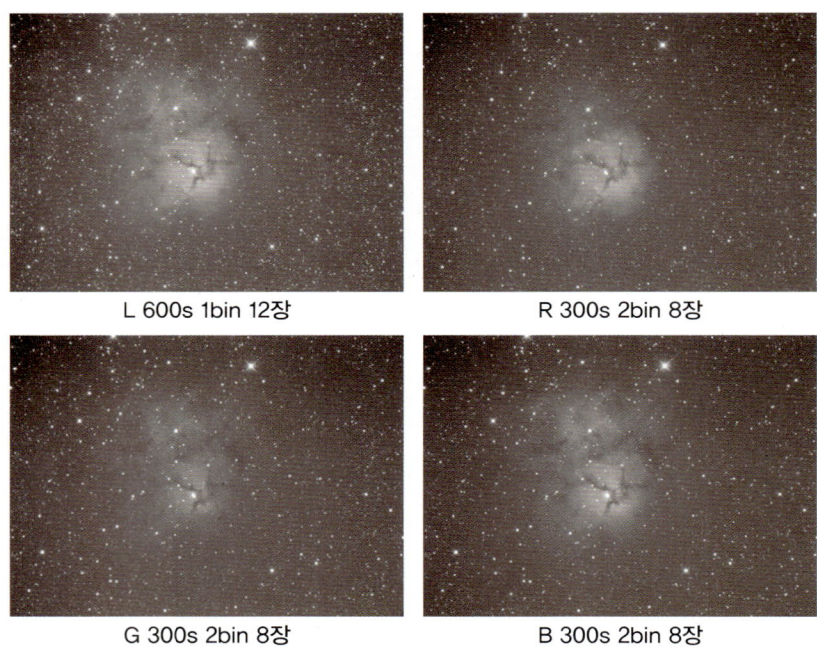

L 600s 1bin 12장   R 300s 2bin 8장
G 300s 2bin 8장   B 300s 2bin 8장

① 촬영된 LRGB 이미지에 대해 각각 캘리브레이션을 진행합니다. 촬영 이미지의 포맷에 맞는 마스터 Bias, Dark, Flat 파일들을 각각 지정하고, 캘리브레이션을 실행합니다.

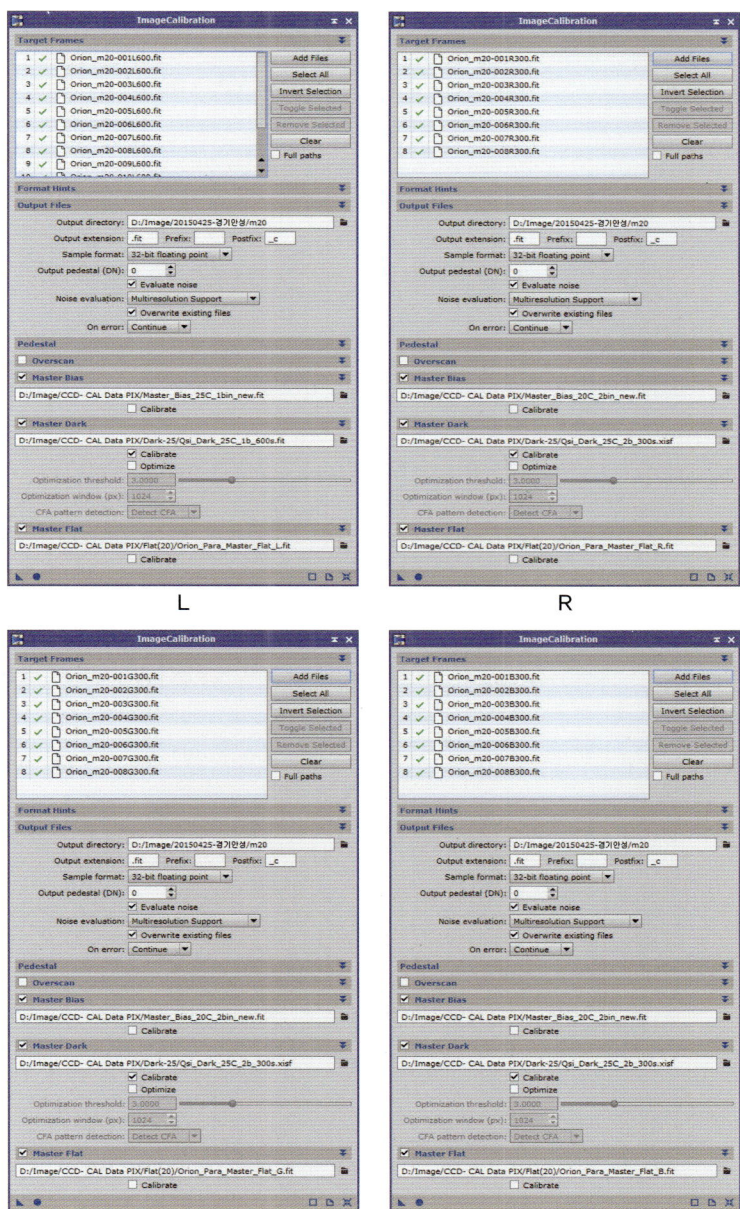

② 캘리브레이션이 완료된 이미지들을 한 번에 정렬(StarAlignment)합니다. 정렬 기준 파일로 003L 이미지를 선택하고 저장될 폴더를 지정한 후 정렬을 실행합니다. 정렬 기준 파일은 전체 촬영 시간에서 가장 중간에 1bin으로 촬영된 사진을 지정하는 것이 유효 화각을 가장 크게 확보하는 데 있어서 효과적입니다.

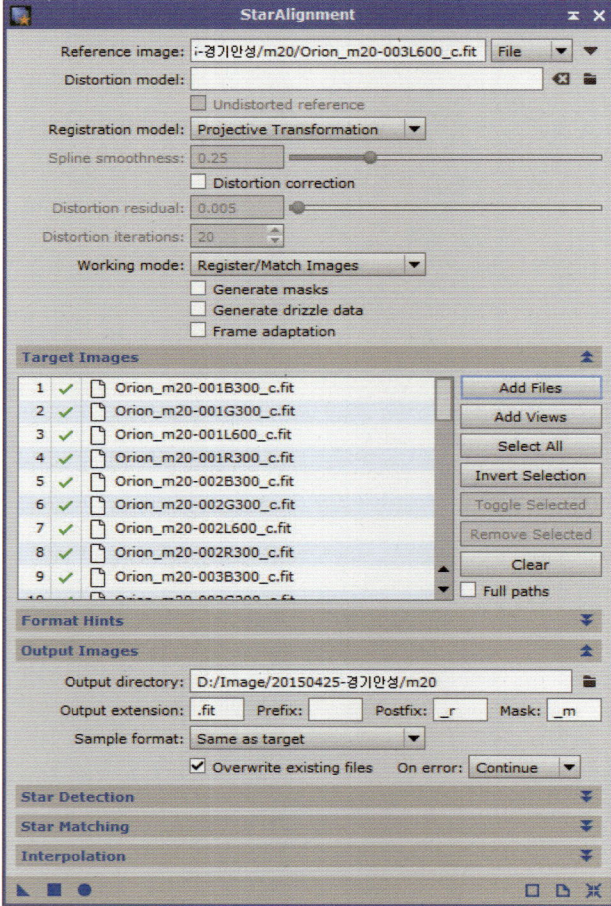

StarAlignment 창

③ 핫(Hot) 픽셀과 콜드(Cold) 픽셀의 제거를 위해 CosmeticCorrection 작업을 진행합니다. Use Auto detect 탭을 클릭하고, 각 Sigma 수치를 지정합니다. Preview 기능을 사용하여 적용 결과를 바로 확인하면서 최적 제거 수치를 결정할 수 있습니다.

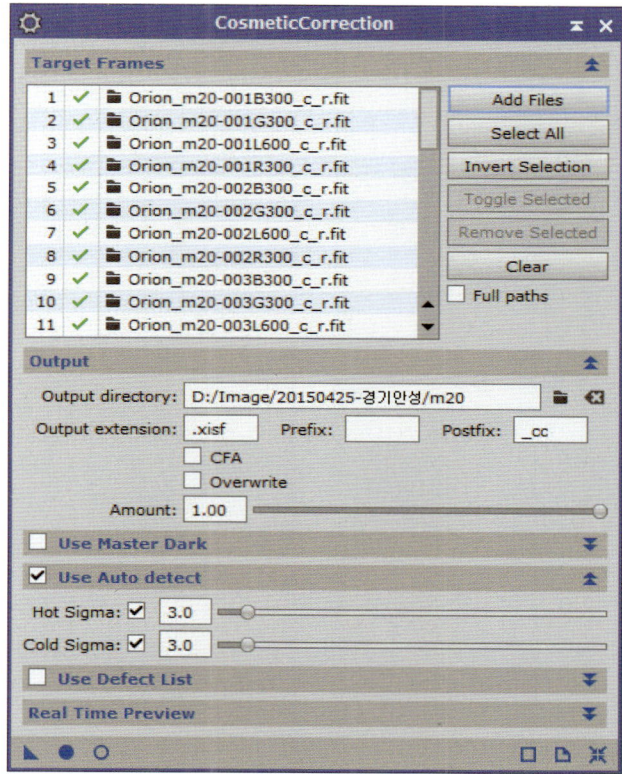

CosmeticCorrection 창

④ 각 LRGB 이미지들에 대해서 합성(ImageIntegration) 작업을 진행합니다. 합성 알고리즘은 Averaged Sigma Clipping을 적용했습니다.

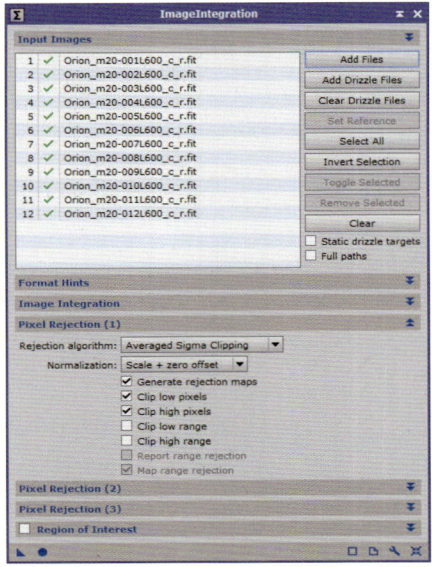
L

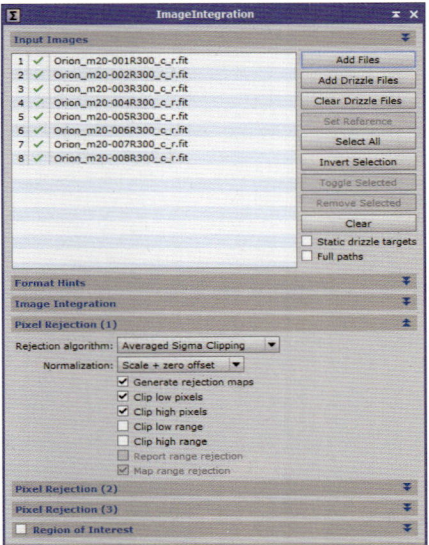
R

G

B

⑤ 합성이 완료된 L 이미지를 먼저 처리합니다. DynamicCrop을 실행합니다. 막 합성을 마친 이미지는 어둡게 보입니다(5-a).

ScreenTransferFunction 창의 Auto Stretch 버튼을 클릭하면 밝게 확인할 수 있습니다(5-b).

DynamicCrop 창을 오픈하고, 외곽의 불필요한 부분을 제외한 이미지 영역을 선택합니다(5-c).

바탕화면에 Instance 아이콘을 생성시키고(5-d), Execute 버튼을 클릭하여 Crop을 적용한 후 Close 버튼을 클릭하여 Crop 창을 닫습니다(5-e).

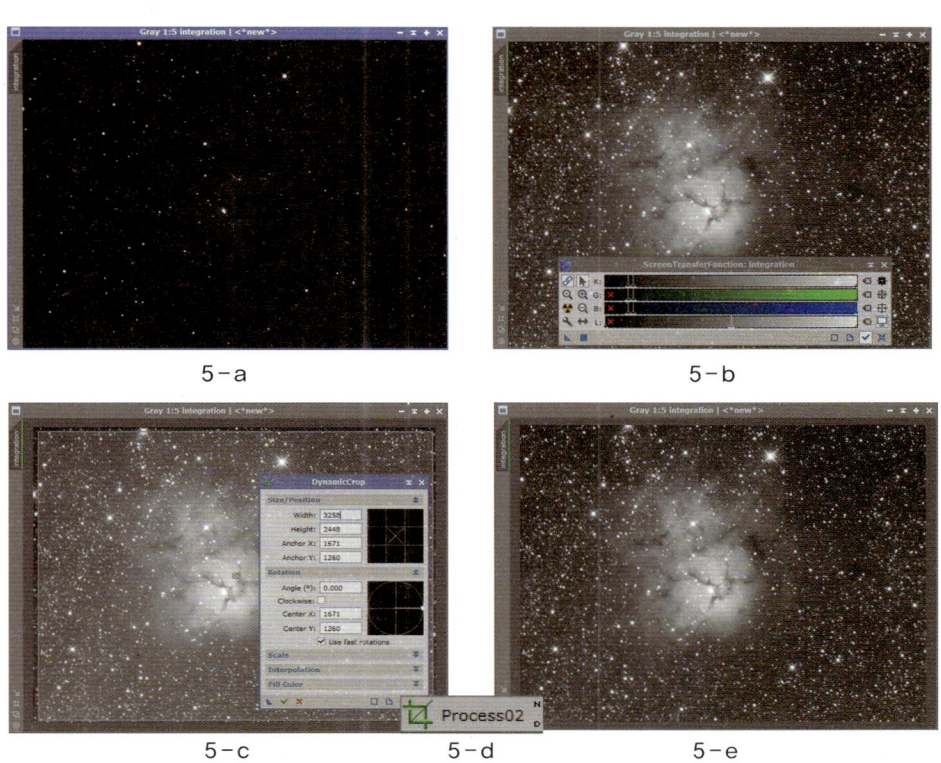

DBE 창

⑥ DBE를 실행합니다. Tolerance는 1.0, Minimum sample weight는 25를 지정하고, Generate 버튼을 눌러 샘플링을 합니다(6-a).

Correction 옵션은 Subtraction을 선택하고, Replace target image를 체크하여 이미지에 바로 적용되도록 합니다. 실행을 하면 추출된 비넷 화면이 생성되며, 확인 후 생성된 비넷 창과 DBE 창은 닫습니다.

적용된 이미지가 어둡게 보일 수 있으니(6-b), ScreenTransferFunction 창의 Auto Stretch 버튼을 눌러서 밝은 상태로 확인합니다(6-c).

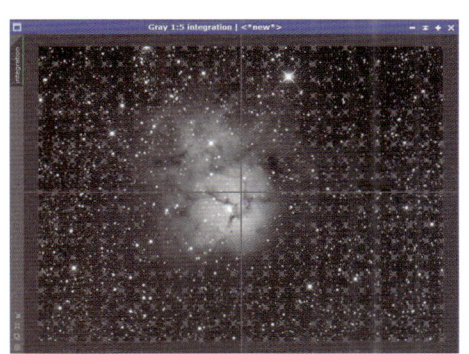
6-a

6-b

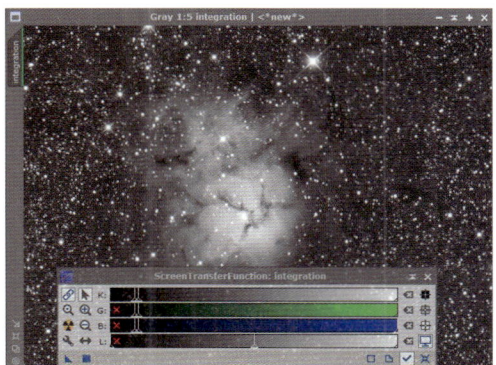
6-c

⑦ HistogramTransformation을 실행합니다. ScreenTransferFunction 창의 New Instance 버튼을 HistogramTransformation 창 하단에 끌어놓고 HistogramTransformation의 Apply 버튼을 클릭하면 이미지 화면이 하얗게 포화됩니다(7-a). ScreenTransferFunction 창 하단의 Reset 버튼을 클릭하면 적당한 밝기로 보여집니다(7-b).

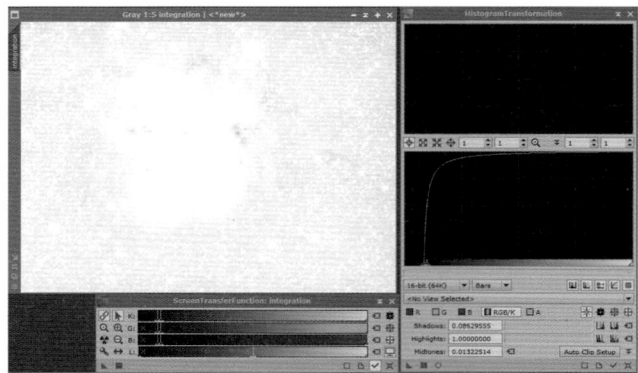

7-a

7-b

⑧ MultiscaleMedianTransform을 실행하여 노이즈를 제거합니다(8-a).

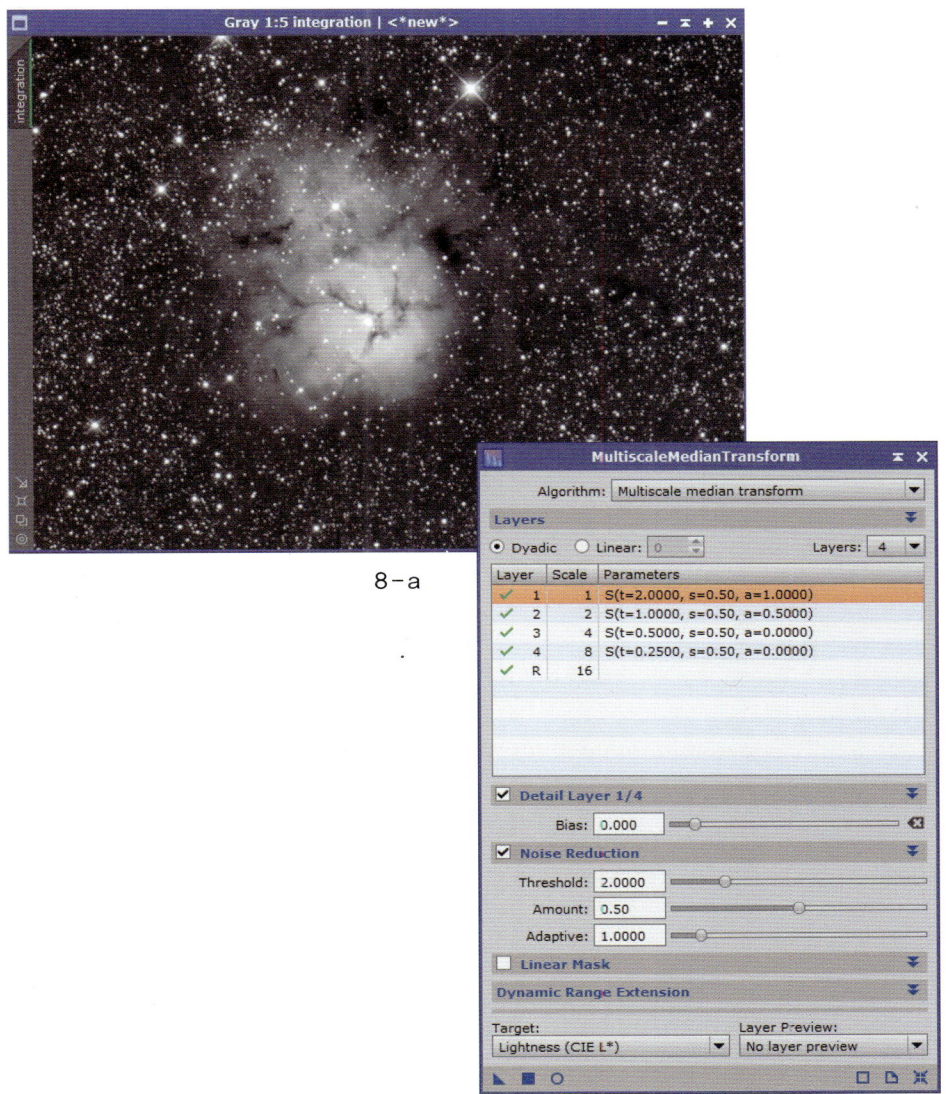

8-a

MultiscaleMedianTransform 창

⑨ 합성된 RGB 이미지 3장(9-a)을 조합하여 컬러 이미지로 만듭니다. LRGB-Combination 창을 오픈하여 RGB 각 체크박스를 체크하고, 각 색상에 맞는 이미지를 각각 지정합니다(9-b). Transfer Functions의 Lightness와 Saturation 옵션을 조정하여 광량과 색상의 균형을 맞춥니다(9-b). 각 수치가 적을수록 비중이 커집니다. Apply Global 버튼을 클릭하면 조합이 실행되어 한 장의 컬러 이미지가 생성됩니다(9-c).

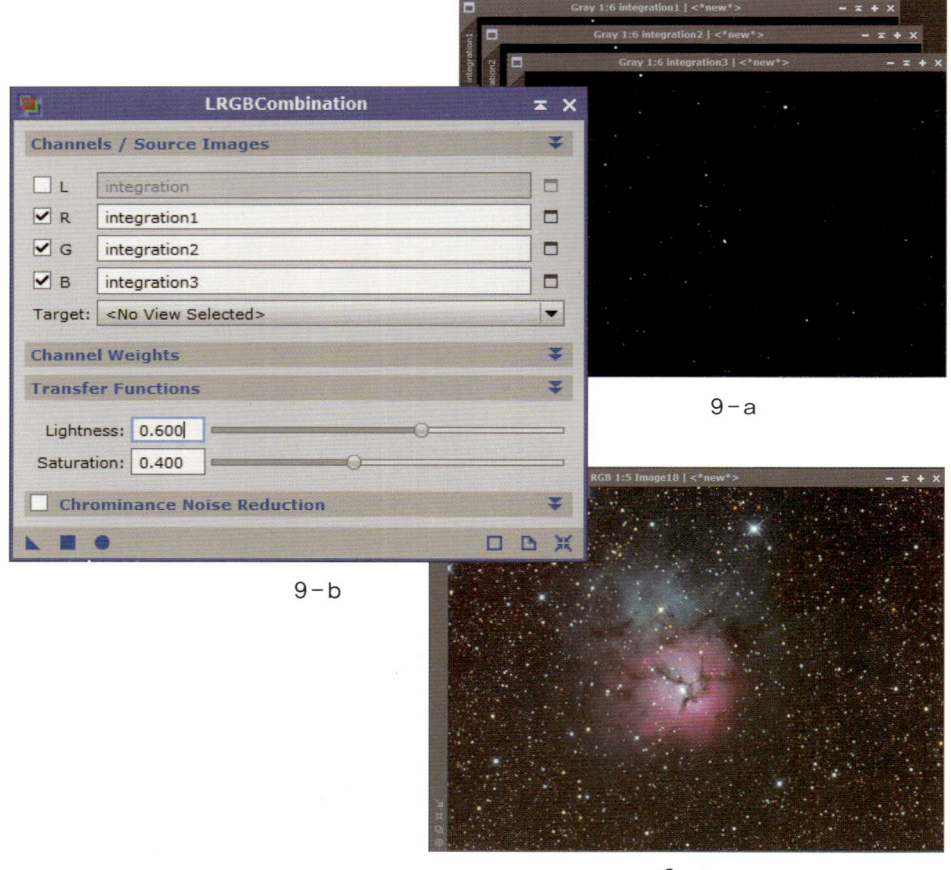

9-a

9-b

9-c

⑩ L 이미지 처리 중에 생성해두었던 Crop 아이콘(10-b)을 생성된 컬러 이미지 (10-a) 위에 끌어놓으면 L 이미지와 동일한 좌표의 Crop이 적용됩니다(10-c).

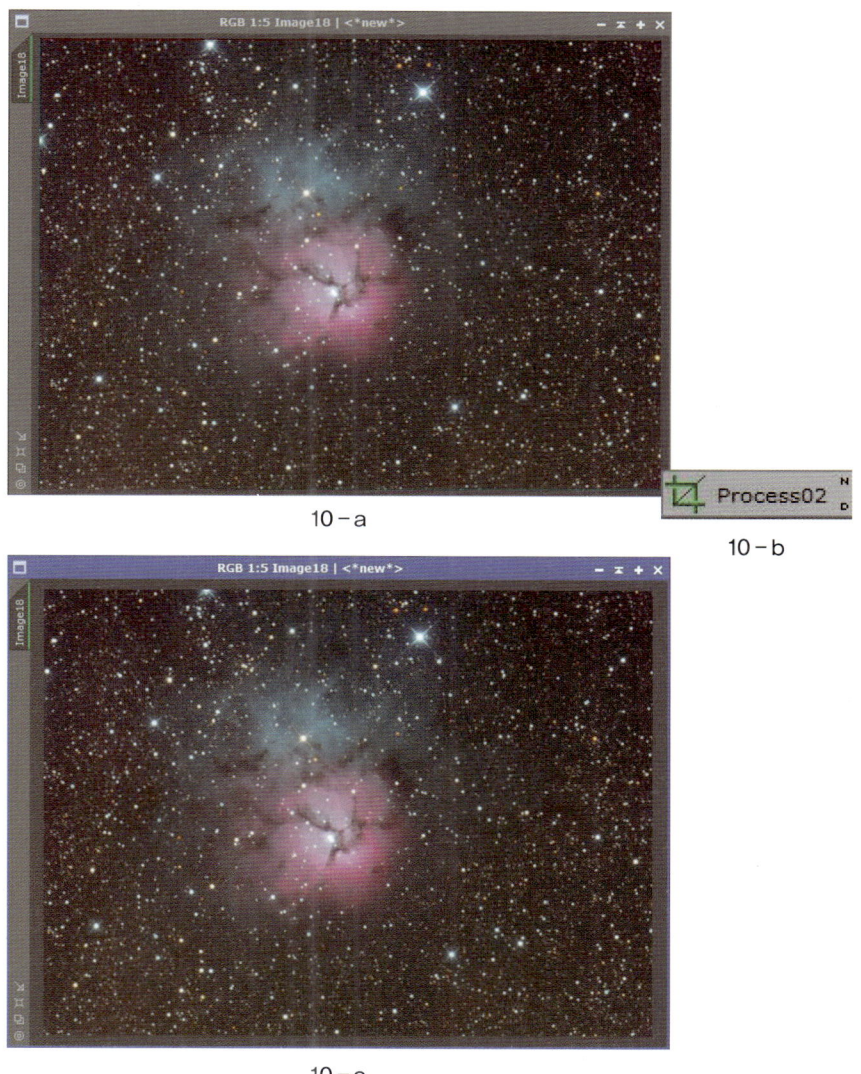

10-a

10-b

10-c

⑪ L 이미지와 동일하게 DBE를 실행합니다(11-a). 적용된 이미지가 한 가지 색상 톤으로 덮이면(11-b), ScreenTransferFunction 창의 Link RGB Channels 버튼을 누르고, 다시 Auto Stretch 버튼을 눌러서 정상 상태로 확인합니다(11-c).

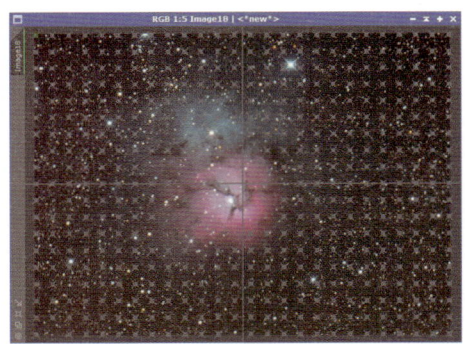
11-a

11-b

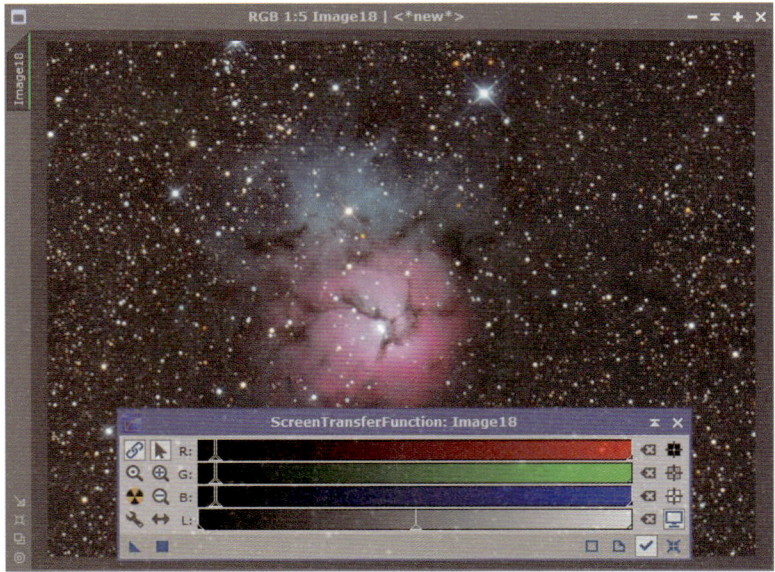
11-c

⑫ BackgroundNeutralization을 실행합니다. 이미지 외곽 부분의 어둡고 별이 거의 없는 영역을 선택하면 Preview1으로 지정됩니다(12-a). 이 영역을 Reference image로 지정하고(12-b), New Instance 버튼을 이미지 위에 끌어 놓아 적용합니다.

12-a

12-b

⑬ ColorCalibration을 실행합니다. 대상이 존재하는 중앙 부분을 선택하면 Preview2로 지정됩니다(13-a). 앞서 선택했던 Preview1을 ColorCalibration의 Background Reference image에 지정하고, Preview2를 White Reference image에 지정한 후(13-b), New Instance 버튼을 이미지 위에 끌어놓아 ColorCalibration을 실행합니다. 이로써 대상 색과 배경 색이 자연스러운 색상으로 조정됩니다(13-c).

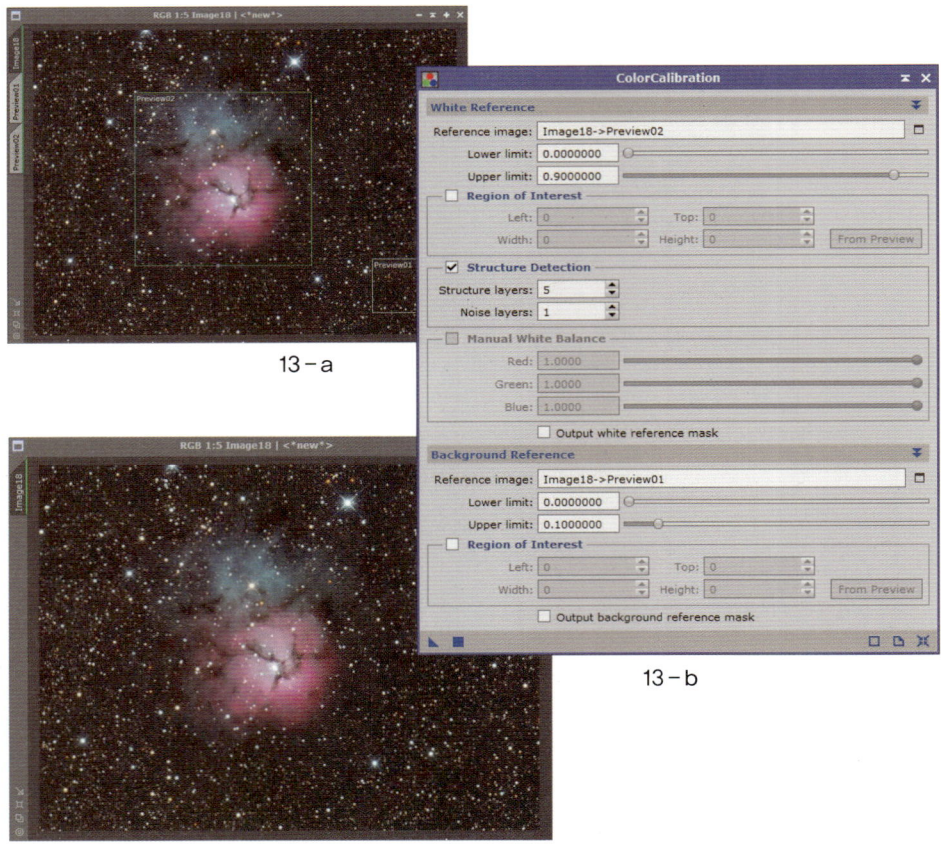

13-a

13-b

13-c

⑭ HistogramTransformation을 실행합니다(14-a). ScreenTransferFunction 창의 New Instance 버튼을 HistogramTransformation 창 하단에 끌어놓고 HistogramTransformation 창의 Apply 버튼을 클릭합니다.

이미지가 하얗게 포화되었다면 ScreenTransferFunction 창 하단의 Reset 버튼을 클릭하면 적당한 밝기로 보여집니다(14-b).

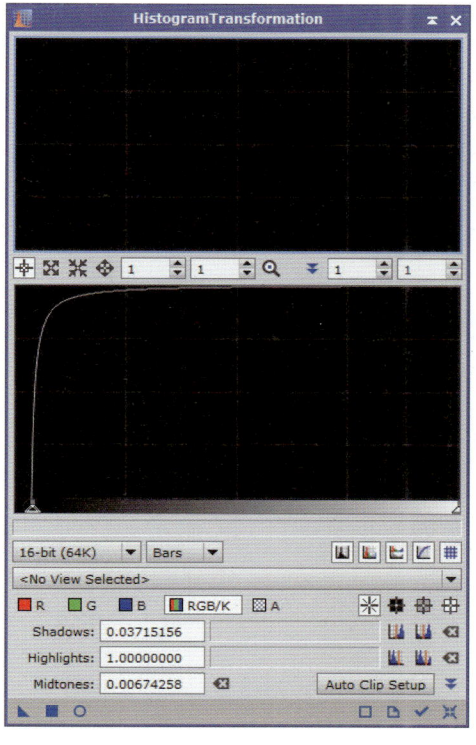

14-a

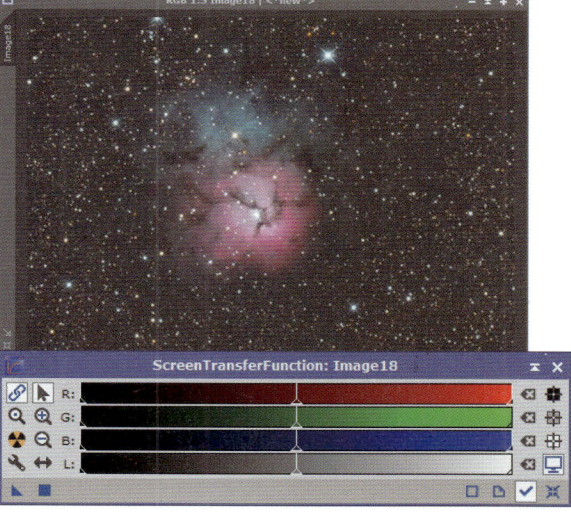

14-b

⑮ SCNR 창을 오픈합니다(15-a). Green 색상을 선택하고 적용합니다. 천체사진에서 주로 광해와 노이즈에 해당하는 Green 채널의 톤이 제거됩니다 (15-c).

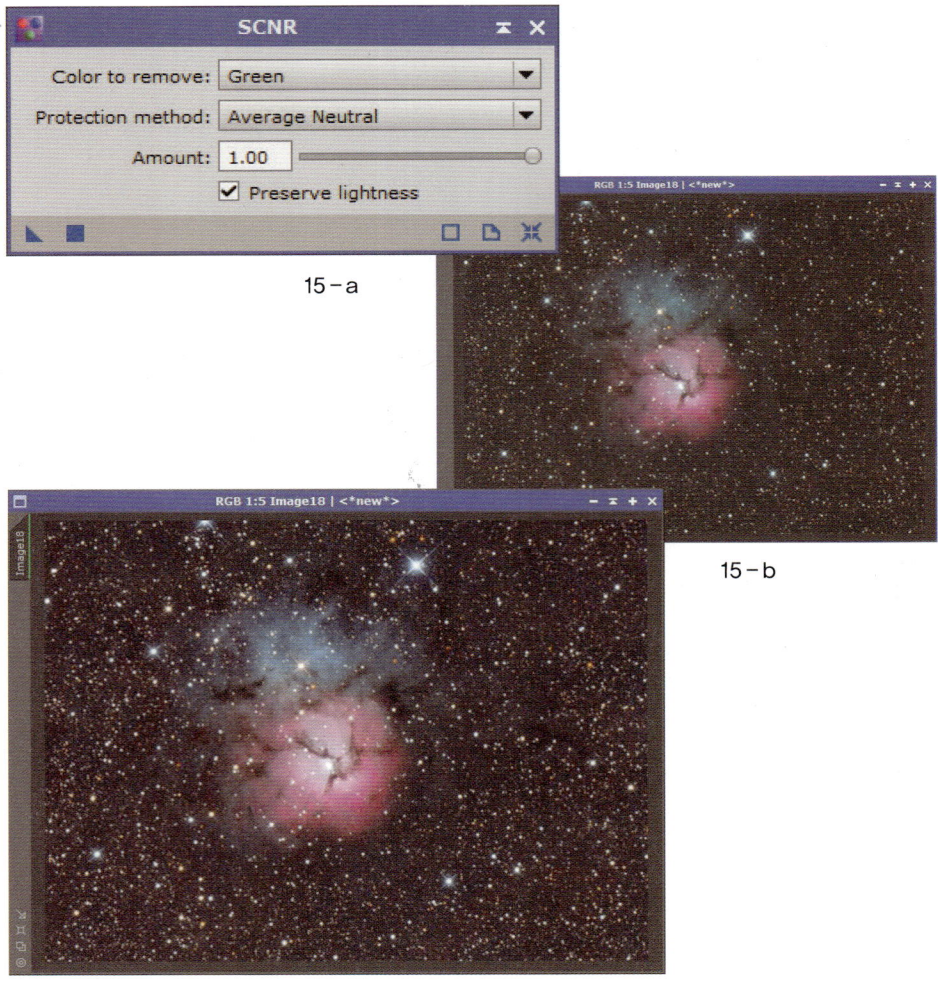

15-a

15-b

15-c

⑯ LRGBCombination 창을 오픈하여 L을 체크하고, 처리해둔 L 이미지를 지정합니다. 각 RGB는 체크를 해제합니다.

Lightness(광량)와 Saturation(색상)의 비율을 맞추고(16-a), New Instance 버튼을 처리 중인 컬러 이미지 위에 끌어놓아 LRGB 조합을 실행합니다(16-b).

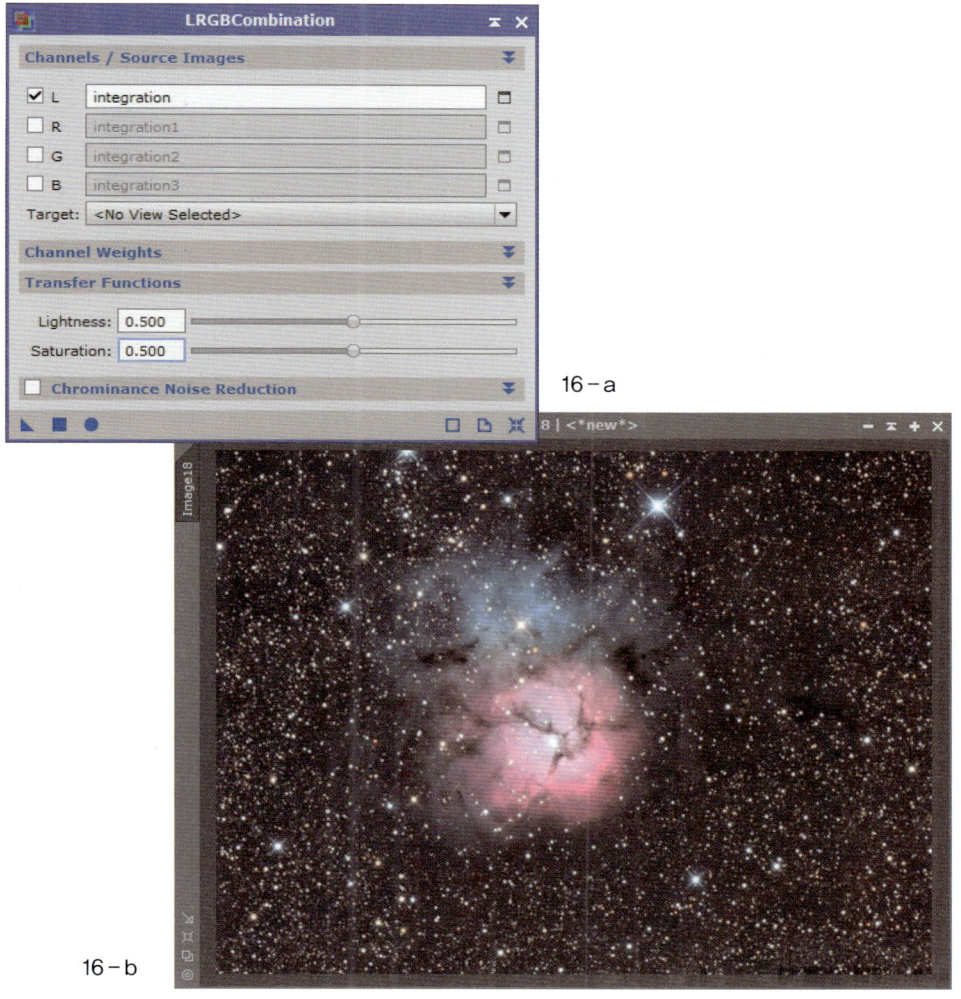

16-a

16-b

⑰ ACDNR 창을 오픈하여(17-a), Real-Time Preview(미리보기) 창을 보면서 (17-b), 최적의 노이즈 제거 옵션 값으로 조절합니다(17-a).

옵션 조절이 완료되면 미리보기 창을 닫고, New Instance 버튼을 이미지 위에 끌어놓고 노이즈를 제거합니다(17-c).

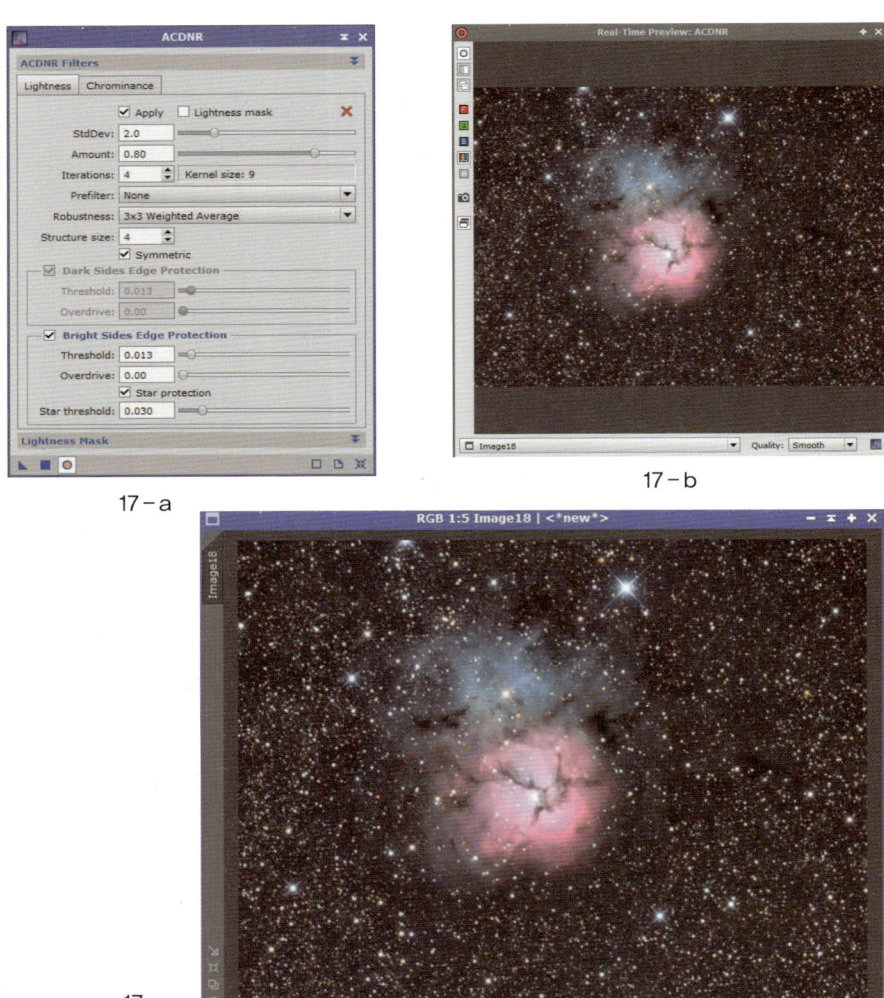

17-a

17-b

17-c

⑱ CurvesTransformation 창을 오픈하고 Real-Time Preview 버튼을 눌러 미리보기 창을 확인합니다(18-b). RGB/K 커브와 S(Saturation) 커브를 움직여 이미지의 색상과 밝기를 적당히 살려냅니다(18-a).

처리가 적당하다고 판단되면 미리보기 창을 닫고, Apply 버튼을 눌러 이미지에 적용합니다(18-c).

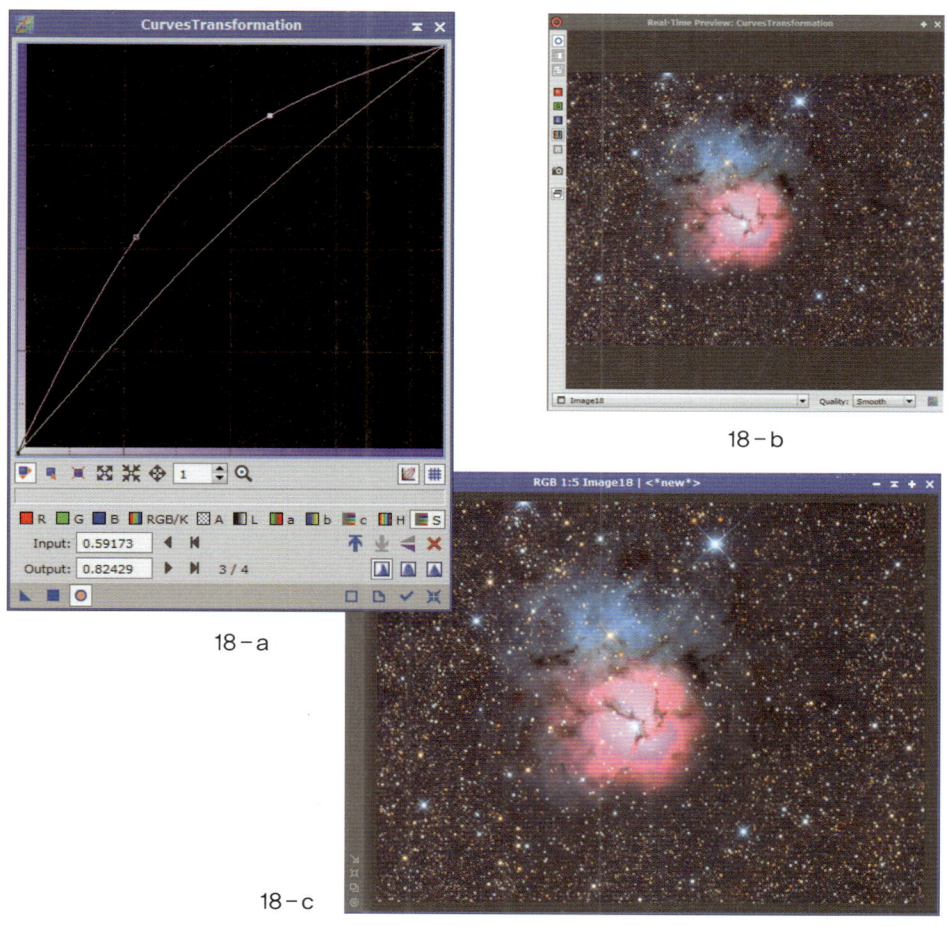

18-a

18-b

18-c

4장 딥스카이 사진 처리 / PixInsight 183

⑲ StarMask를 실행하여(19-a), New Instance 버튼을 처리 중인 이미지에(19-b) 끌어놓아 마스크 이미지를 생성하고(19-c), 마스크 이미지의 좌측 이름 부분을 처리 이미지의 좌측 이름 아래쪽 빈 공간에 끌어놓아 처리 이미지에 마스크를 적용합니다(19-d).

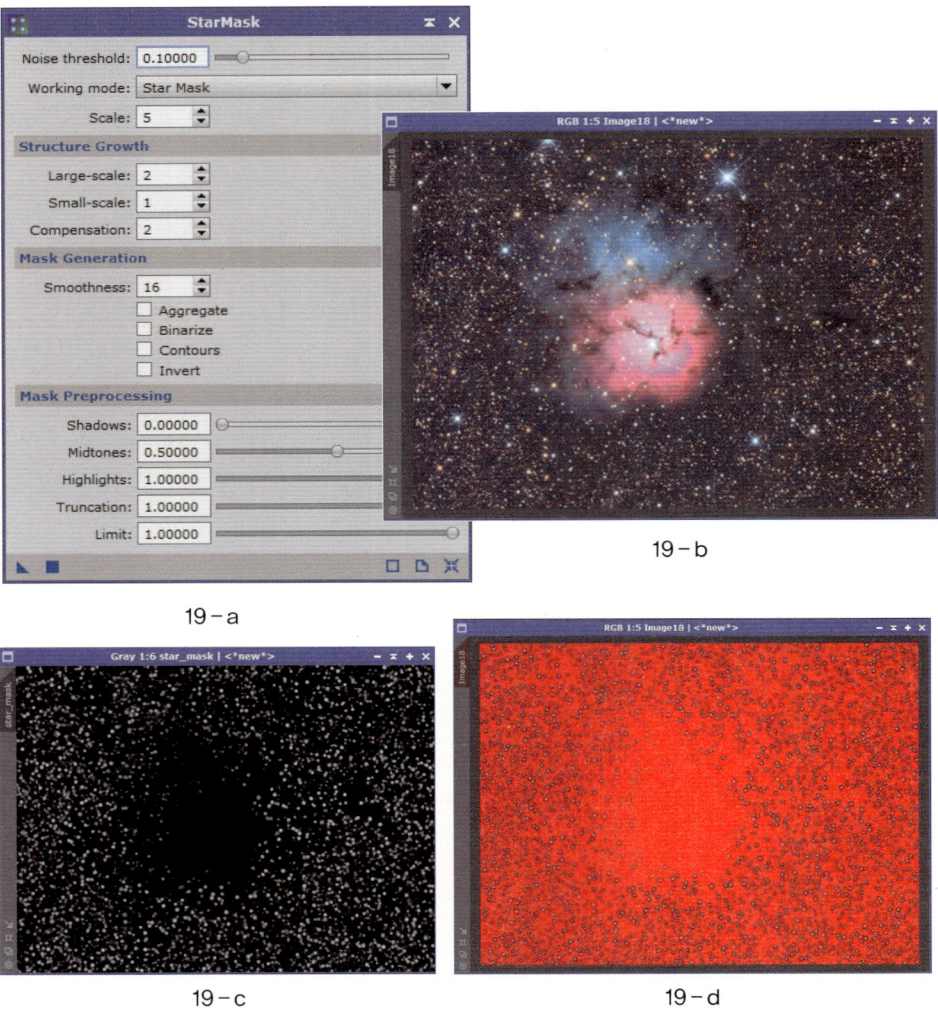

19-a

19-b

19-c

19-d

⑳ Morphological Transformation 창을 오픈하고 옵션을 조정한 후(20-a), New Instance 버튼을 마스킹 적용되어 있는 화면(20-b) 위에 끌어놓아 별상을 줄입니다.

완료 후 Mask > Remove Mask를 선택하여 마스킹을 제거합니다(20-c).

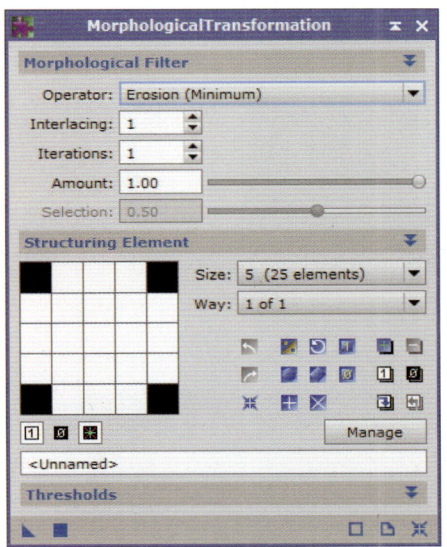
20-a

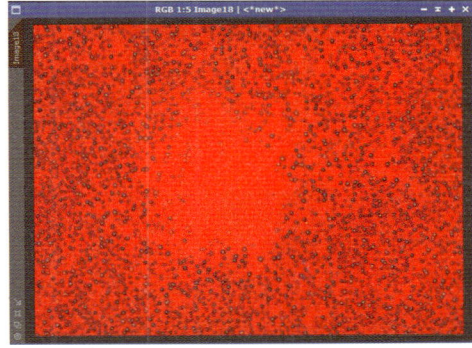
20-b

20-c

㉑ 처리된 이미지를 JPG 파일로 저장하여 완료하거나(21-a), 필요한 경우 Tiff 파일로 저장하고, Photoshop 등의 이미지 처리 프로그램을 사용하여 추가적인 처리(레벨, 색상 균형, 사이즈 조정 등)를 시행하여 완성합니다(21-b).

21-a

21-b, M20 삼열 성운

2) M31 안드로메다 은하(Andromeda Galaxy)

경기도 양평에서 촬영한 안드로메다 은하의 이미지 처리를 진행합니다.

이 대상의 특징은 은하의 중심 핵 부분이 외곽의 밝기와 비교하여 현격하게 밝다는 점입니다. 이러한 특징에 맞는 프로세스를 사용하여 처리해보도록 하겠습니다.

아래는 촬영된 원본 이미지입니다.

L 600s 1bin 8장　　　　　　R 300s 2bin 8장

G 300s 2bin 8장　　　　　　B 300s 2bin 8장

① 촬영된 각 LRGB 이미지에 대해 캘리브레이션을 진행합니다.

촬영 이미지의 포맷에 맞는 마스터 Bias, Dark, Flat 파일들을 각각 지정하고, 캘리브레이션을 실행합니다.

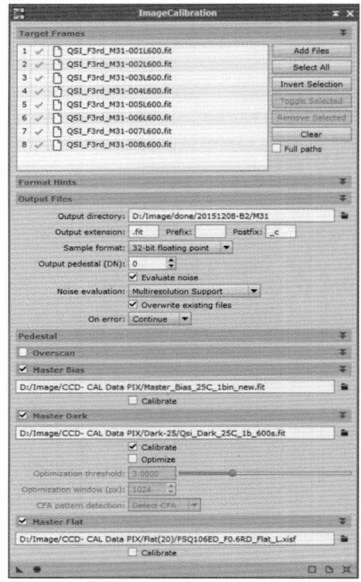

L

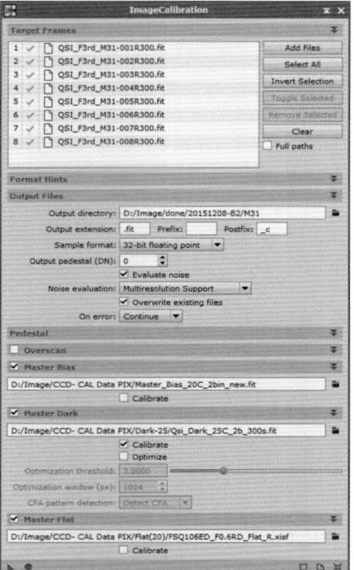

R

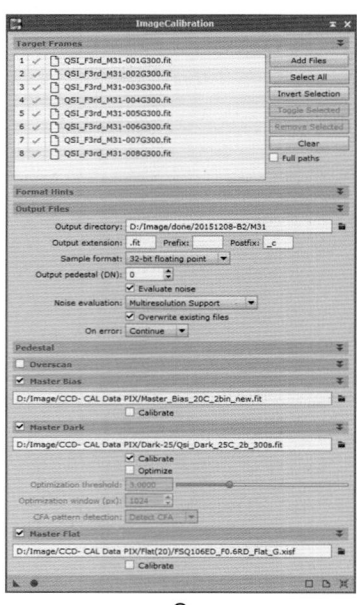

G

B

② 캘리브레이션이 완료된 이미지들을 한 번에 정렬(StarAlignment)합니다.

정렬 기준 파일로 003L 이미지를 선택하고 저장될 폴더를 지정한 후 정렬을 실행합니다.

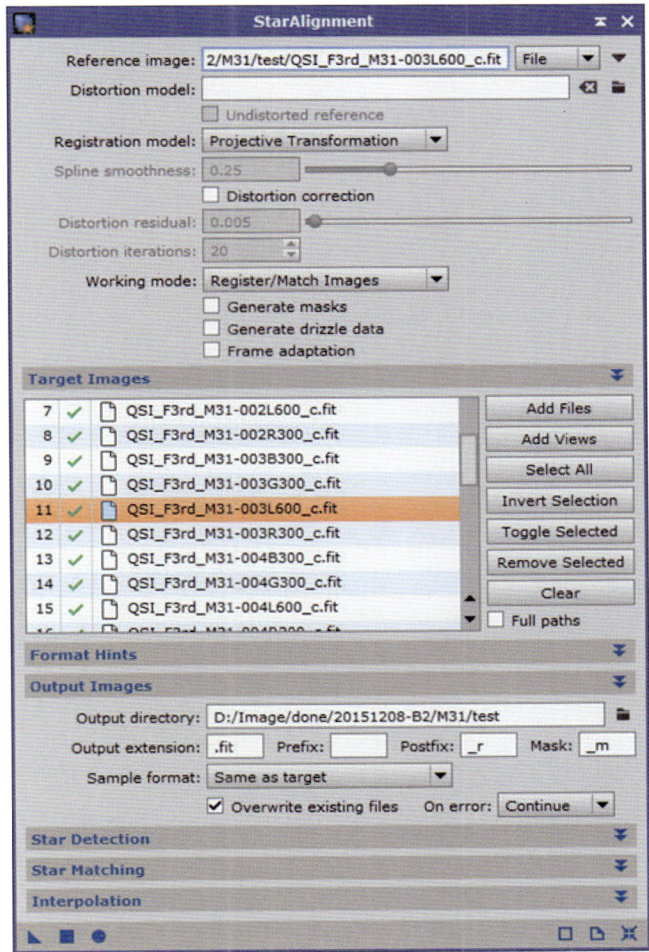

StarAlignment 창

③ 핫(Hot) 픽셀과 콜드(Cold) 픽셀의 제거를 위해 CosmeticCorrection 작업을 진행합니다. Use Auto detect 탭을 클릭하고, 각 Sigma 수치를 지정합니다. Preview 기능을 사용하여 적용 결과를 바로 확인하면서 최적 제거 수치를 지정할 수 있습니다.

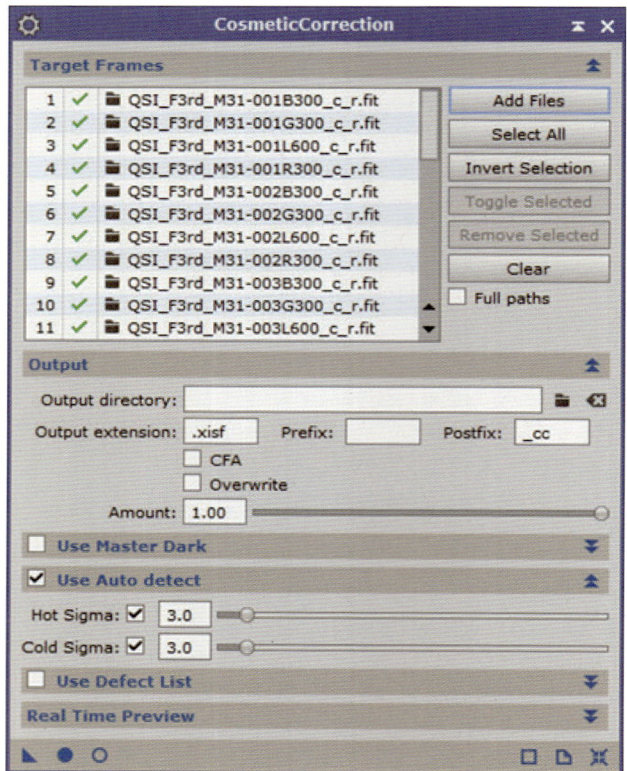

CosmeticCorrection 창

④ 각 LRGB 이미지들에 대해서 합성(ImageIntegration) 작업을 진행합니다. 합성 알고리즘은 Averaged Sigma Clipping을 적용했습니다.

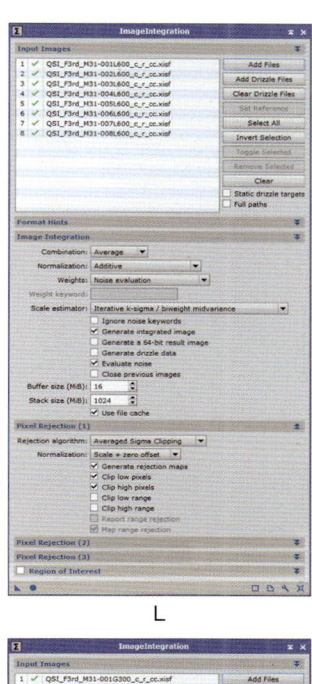
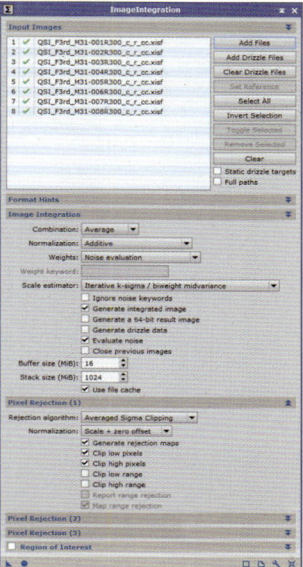

L

R

G

B

⑤ 합성이 완료된 L 이미지를 먼저 처리합니다. DynamicCrop을 시행합니다. 막 합성을 마친 이미지는 어둡게 보입니다(5-a).

ScreenTransferFunction 창의 Auto Stretch 버튼을 클릭하면 밝게 확인할 수 있습니다(5-b).

DynamicCrop 창을 오픈하고, 외곽의 불필요한 부분을 제외한 이미지 영역을 선택합니다(5-c).

바탕화면에 Instance 아이콘을 생성시키고(5-d), Execute 버튼을 클릭하여 Crop을 적용한 후 Close 버튼을 클릭하여 Crop 창을 닫습니다(5-e).

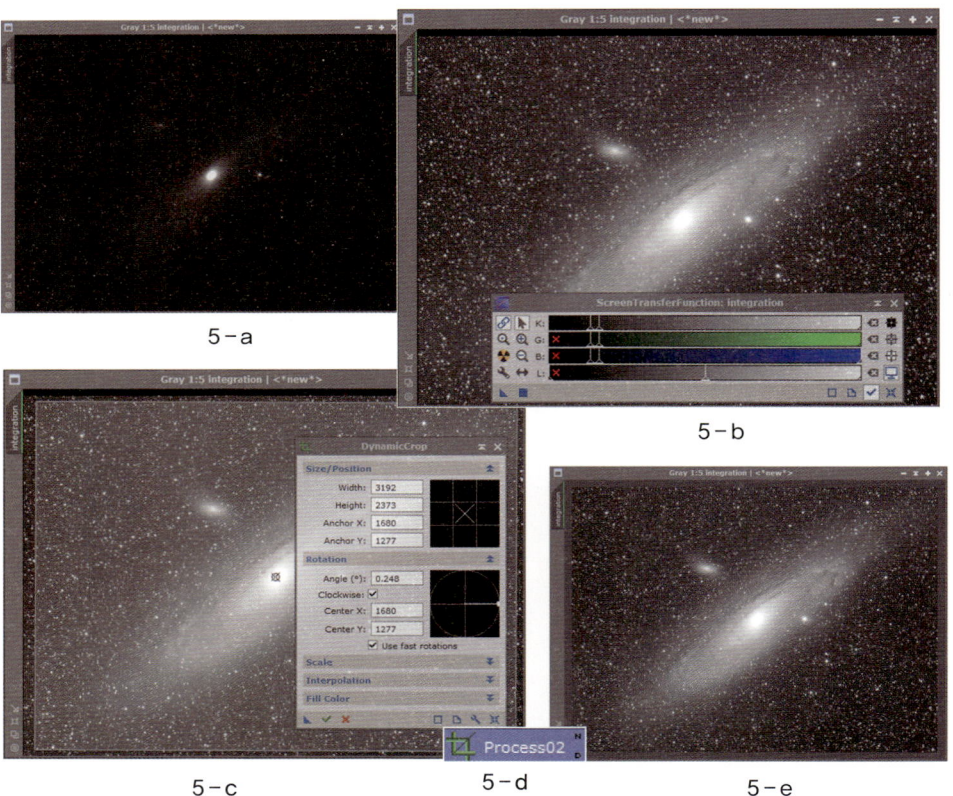

DBE 창

⑥ DBE를 실행합니다. 각 옵션을 지정하고, Generate 버튼을 눌러 샘플링을 합니다(6-a).

Correction 옵션은 Subtraction을 선택하고, Replace target image를 체크하여 이미지에 바로 적용되도록 합니다. 실행을 하면 추출된 비넷 창이 생성되며, 확인 후 생성된 비넷 창과 DBE 창은 닫습니다.

적용된 이미지가 어둡게 보일 수 있으니(6-b), ScreenTransferFunction 창의 Auto Stretch 버튼을 눌러서 밝은 상태로 확인합니다(6-c).

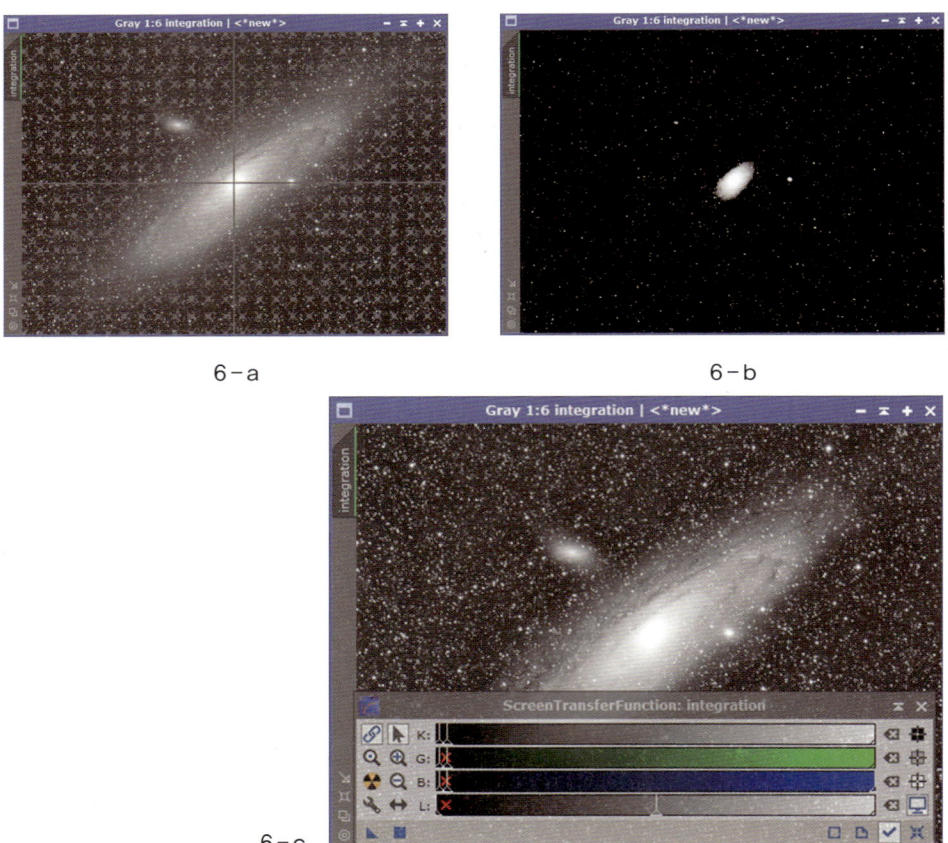

6-a   6-b

6-c

⑦ HistogramTransformation을 실행합니다. ScreenTransferFunction 창의 New Instance 버튼을 HistogramTransformation 창 하단에 끌어놓고, HistogramTransformation 창의 Apply 버튼을 클릭하면 이미지 화면이 하얗게 포화됩니다(7-a). ScreenTransferFunction 창 하단 오른쪽의 Reset 버튼을 클릭하면 적당한 밝기로 보여집니다(7-b).

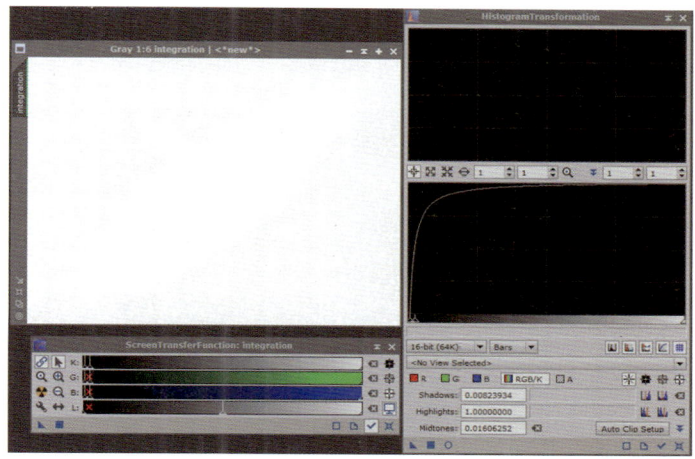

7-a

7-b

⑧ MultiscalemedianTransform(=MMT)을 실행하여 노이즈를 제거합니다(8-a).

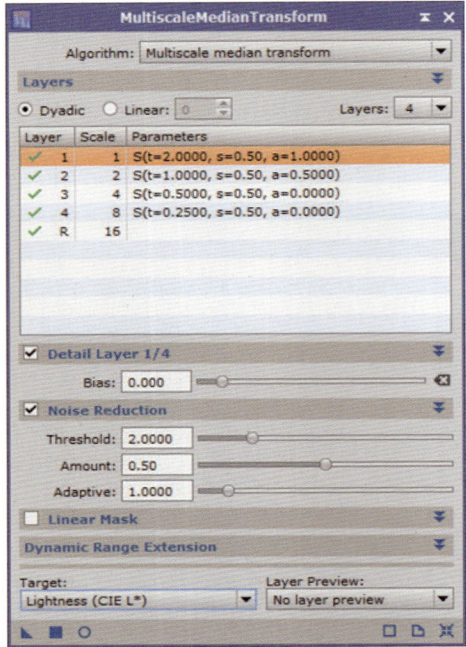

MMT 창

8-a

⑨ 포화되는 부분의 디테일을 살려내기 위한 작업을 실행합니다.

Range Selection을 실행하고, Real-Time Preview 버튼을 눌러 미리보기 창을 보며 Upper limit, Fuzziness, Smoothness 옵션의 수치를 변화시키면서 수정을 가할 영역이 적당히 선택되도록 조정합니다(9-a). Apply 버튼을 클릭하여 조정된 영역을 포함하는 Mask 이미지를 생성합니다(9-b).

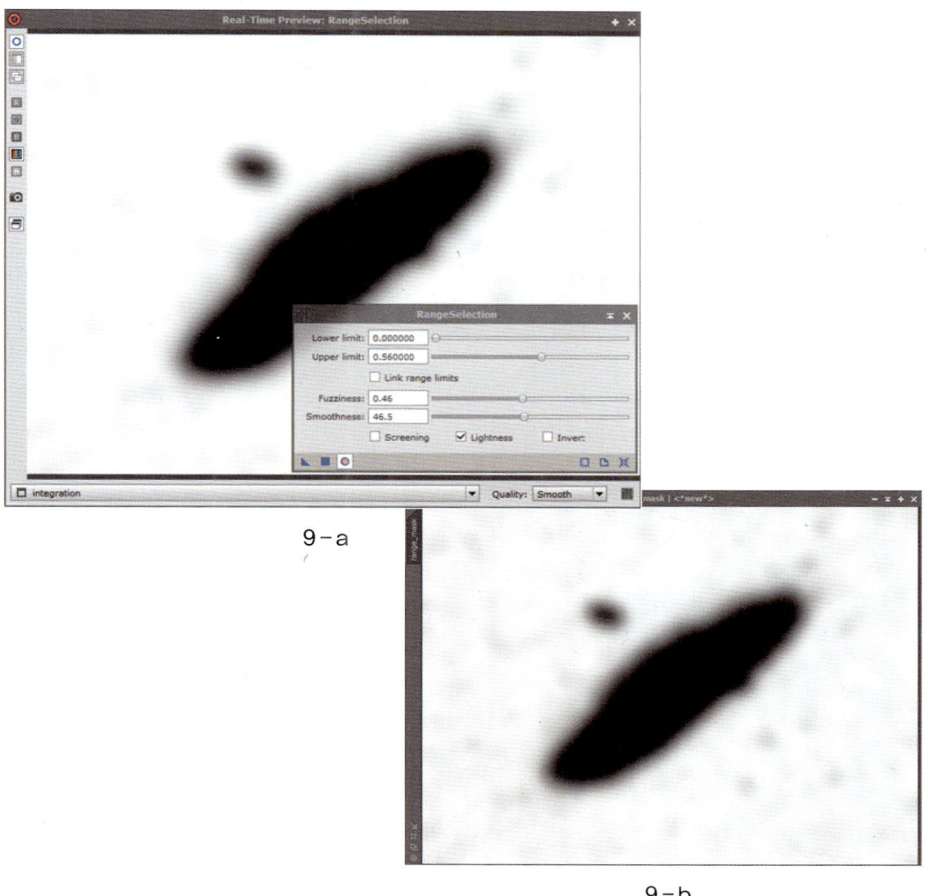

9-a

9-b

⑩ 생성된 Mask 이미지를 사용하여 처리 진행 중인 L 이미지 위에 마스킹합니다 (10-a).

PixInsight 메뉴에서 Mask > Invert mask를 클릭, 마스크를 반전시켜 은하의 중심 핵 부분이 수정 대상이 되도록 합니다(10-b).

Mask에서 붉은색 부분은 수정이 적용되지 않고 보호됩니다.

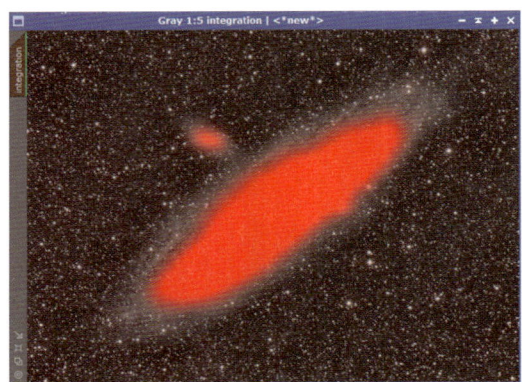

10-a

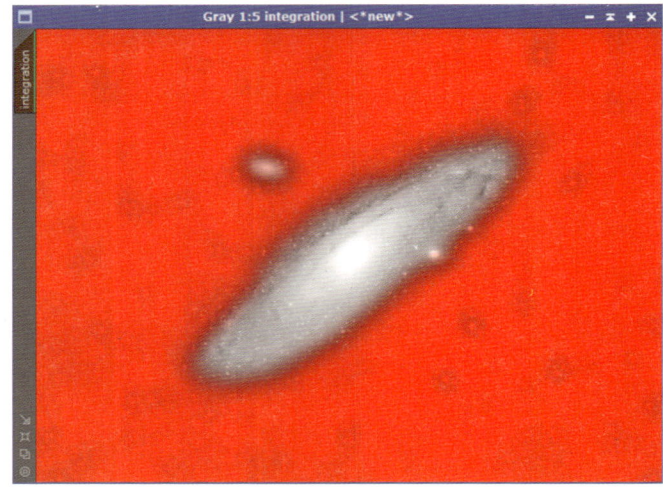

10-b

⑪ Mask > Show Mask를 선택하여 전체 화면이 보이게 합니다.

LocalHistogramEqualization 창을 오픈하고(11-a), Real-Time Preview를 클릭하여 미리보기 창을 확인합니다(11-b).

미리보기 창의 이미지를 보면서 Kernel Radius, Contrast Limit, Amount 수치를 조정하여 최적의 옵션 값을 선정합니다.

LocalHistogramEqualization 창의 하단에 위치한 Apply 버튼을 눌러 처리 이미지에 적용합니다(11-c).

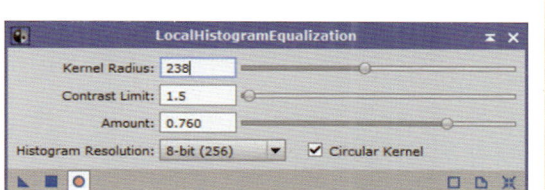

11-a

11-b

11-c

⑫ 합성된 RGB 이미지 3장(12-a)을 조합하여 컬러 이미지로 만듭니다.

LRGBCombination 창을 오픈하여 RGB 각 체크박스를 체크하고, 각 색상에 맞는 이미지를 각각 지정합니다(12-b). TransferFunctions의 Lightness와 Saturation 옵션을 조정하여 광량과 색상의 균형을 맞춥니다(12-b). 각 수치가 적을수록 비중은 커집니다.

Apply Global 버튼을 클릭하면 조합이 실행되어 한 장의 컬러 이미지가 생성됩니다(12-c).

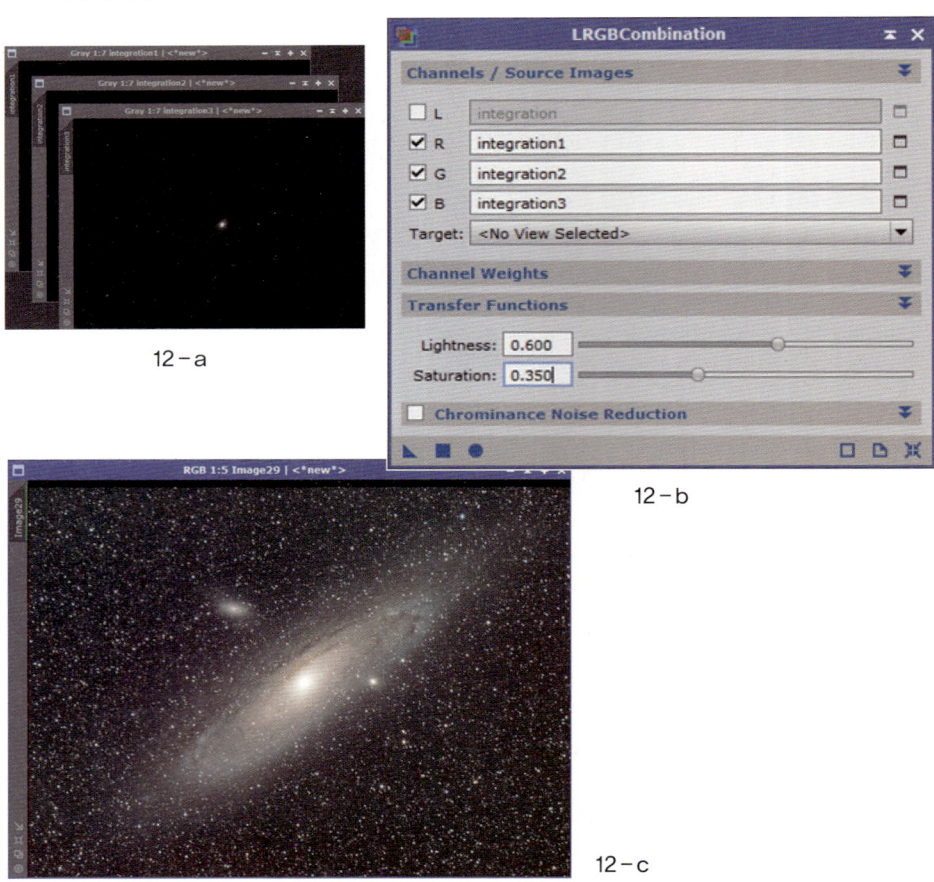

12-a

12-b

12-c

⑬ L 이미지의 처리 중에 생성해두었던 Crop 아이콘(13-b)을 생성된 컬러 이미지 (13-a) 위에 끌어놓으면 L 이미지와 동일한 좌표의 Crop이 적용됩니다(13-c).

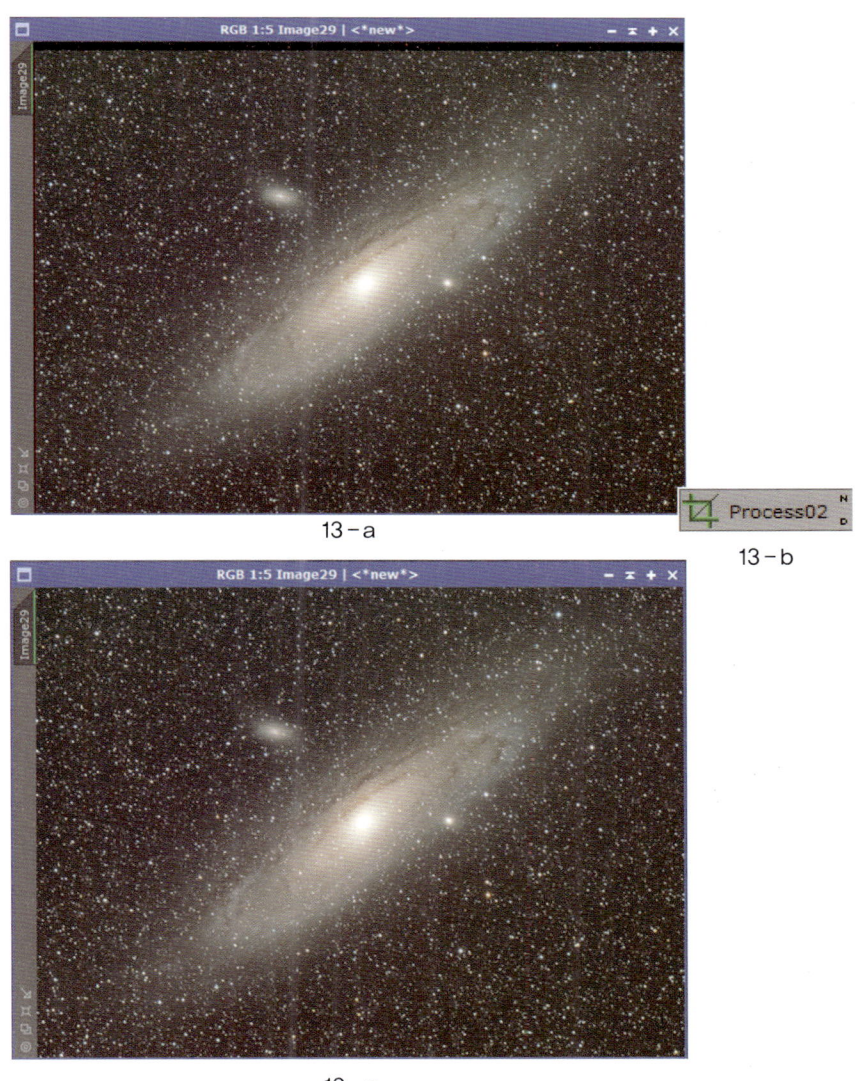

DBE 창

⑭ DBE를 실행합니다. L 이미지와 동일하게 진행합니다.

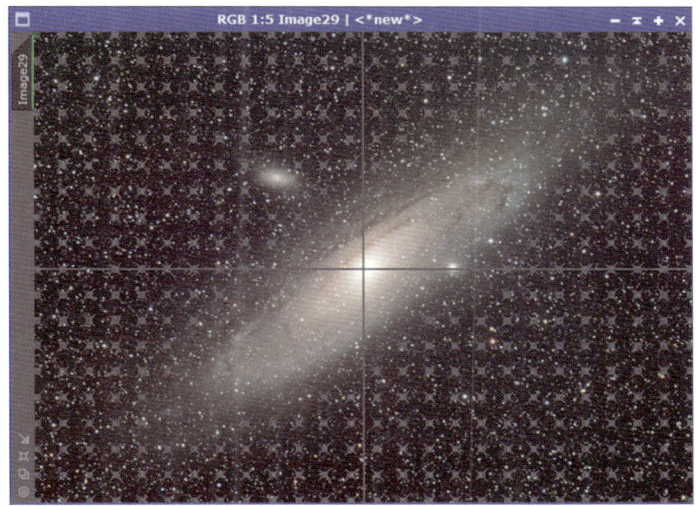

14-a

14-b

⑮ BackgroundNeutralization을 실행합니다. 이미지 외곽의 어둡고 별이 거의 없는 영역을 선택하면 Preview1으로 지정됩니다(15-a).
이 영역을 Reference image로 지정하고(15-b), 처리 이미지에 적용합니다.

15-a

15-b

⑯ ColorCalibration 창을 오픈합니다. 대상이 존재하는 중앙 부분을 선택하면 Preview2로 지정됩니다(16-a).

앞서 선택했던 Preview1을 ColorCalibration의 Background Reference image에 지정하고, Preview2를 White Reference image에 지정한 후(16-b), Color Calibration을 실행합니다.

이로써 대상 색과 배경 색이 자연스러운 색상으로 조정됩니다(16-c).

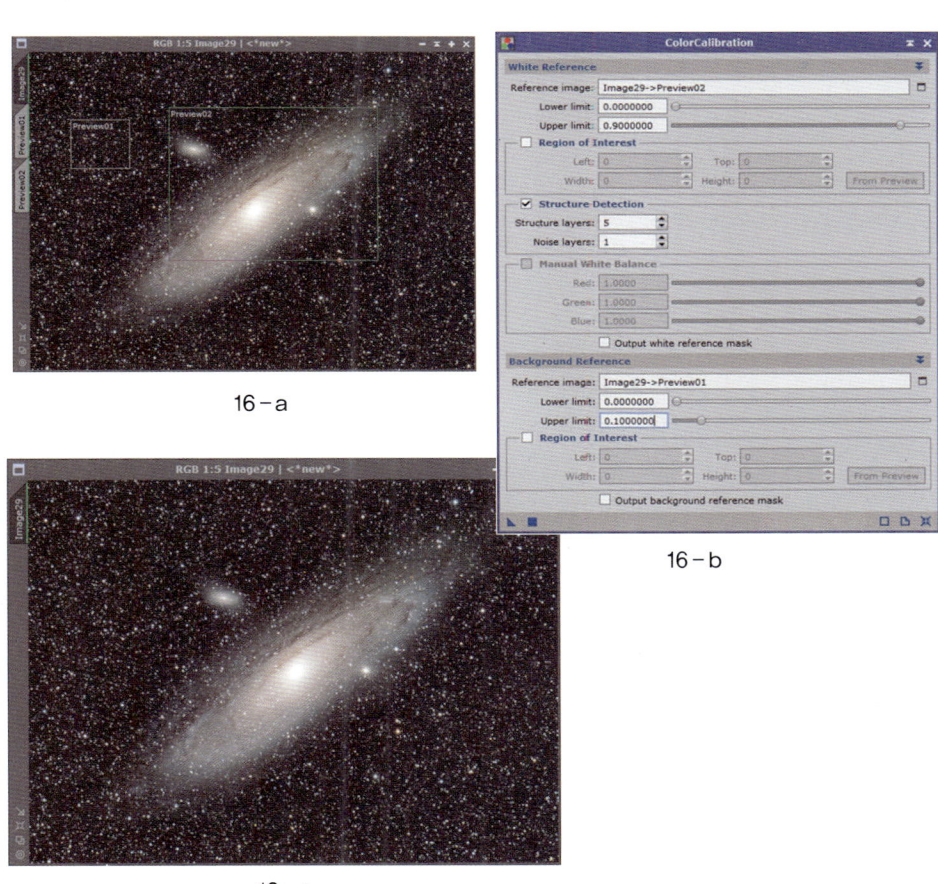

16-a

16-b

16-c

⑰ HistogramTransformation 창을 오픈합니다(17-a). ScreenTransferFunction 창의 New Instance 버튼을 HistogramTransformation 창 하단에 끌어놓고 HistogramTransformation 창의 Apply 버튼을 클릭합니다.

이미지가 하얗게 포화되면 ScreenTransferFunction 창 하단의 Reset 버튼을 클릭하면 적당한 밝기로 보여집니다(17-b).

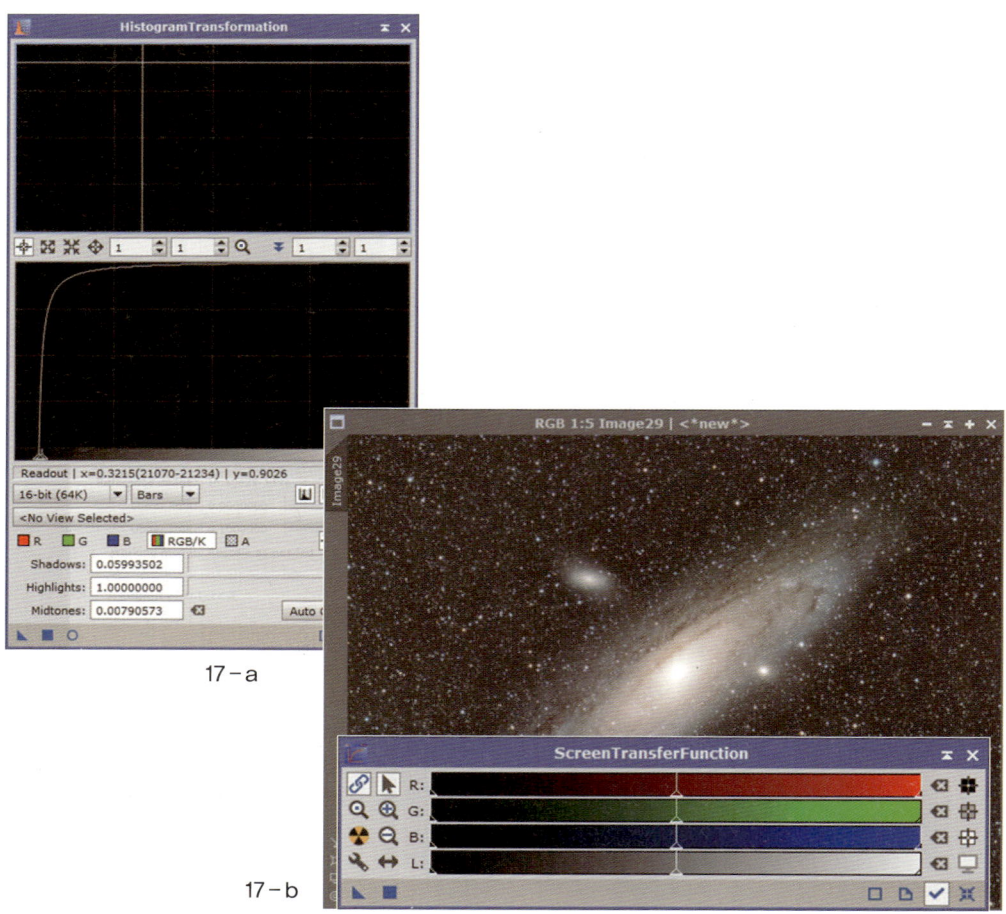

17-a

17-b

⑱ SCNR 창을 오픈합니다(18-a). Green 색상을 선택하고 적용합니다. 천체사진에서 주로 광해와 노이즈에 해당하는 Green 채널의 톤이 제거됩니다 (18-c).

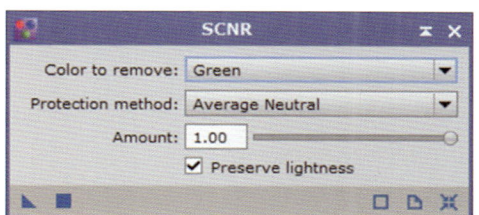

18-a

18-b

18-c

⑲ LRGBCombination 창을 오픈하여 L을 체크하고, 미리 처리해둔 L 이미지를 지정합니다. 각 RGB는 체크를 해제합니다.

Lightness(광량)와 Saturation(색상)의 비율을 맞추고(19-a), New Instance 버튼을 처리 중인 컬러 이미지 위에 끌어놓아 LRGB 조합을 실행합니다(19-b).

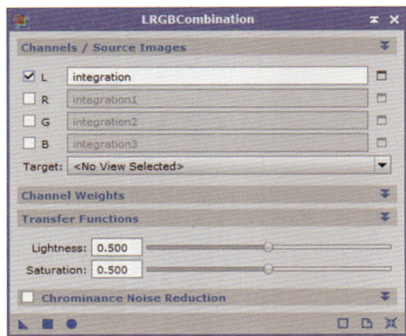

19-a

19-b

⑳ RangeSelection 창을 오픈하고(20-a), 미리보기 창을 보면서(20-b), 은하의 밝은 부분이 지정되도록 옵션 수치를 조정합니다.

Apply 버튼을 눌러 Mask 이미지를 생성합니다(20-c).

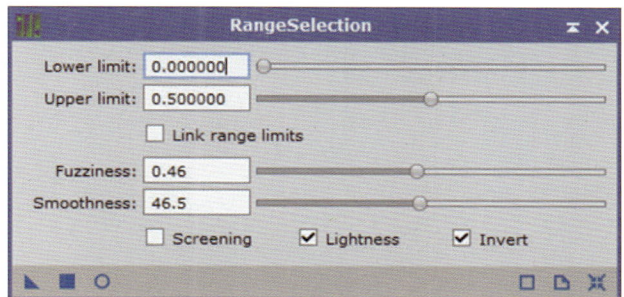

20-a

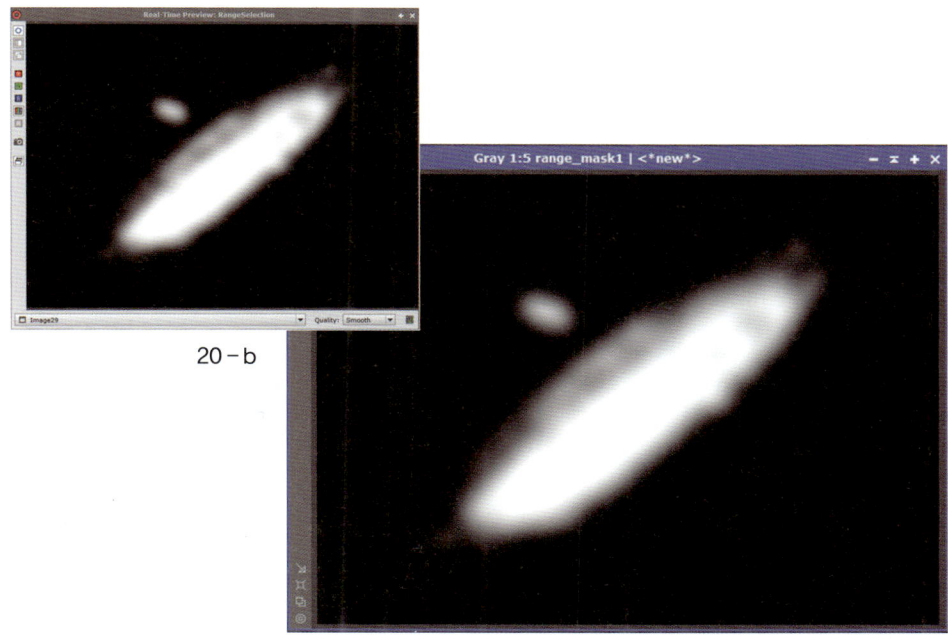

20-b

20-c

㉑ Mask를 적용합니다(21-a). 붉은색 부분이 이미지 처리가 적용되지 않는 부분입니다.

PixInsight 메뉴에서 Mask > Show Mask를 선택하면 전체 이미지를 확인하면서 처리를 진행할 수 있습니다.

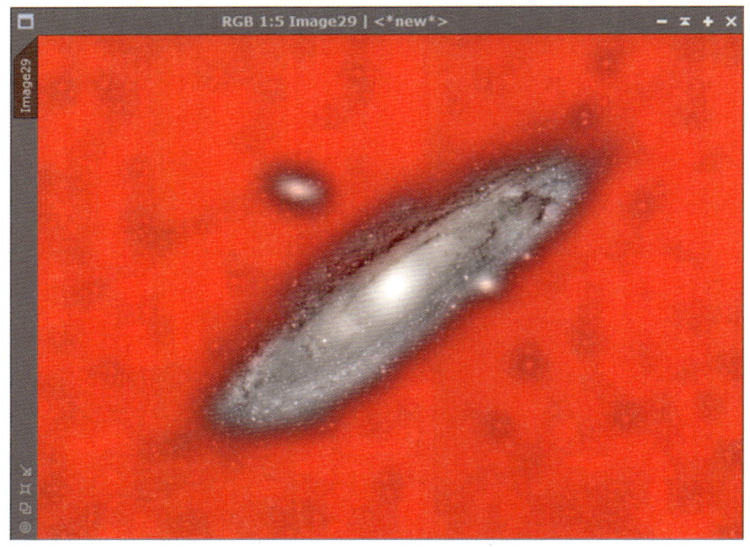

21-a

㉒ CurvesTransformation 창을 오픈하고 Real-Time Preview 버튼을 눌러 미리보기 창을 확인합니다(22-b).

RGB/K 커브와 S(Saturation) 커브를 움직여 은하의 색상과 밝기를 적당히 살려냅니다(22-a).

처리가 적당하다고 판단되면 미리보기 창을 닫고, Apply 버튼을 눌러 이미지에 적용합니다(22-c).

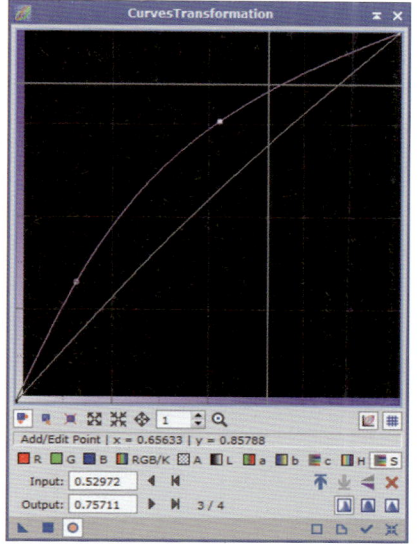
22-a

22-b

22-c

㉓ 배경 화면의 처리를 위해 Mask > Invert Mask를 선택합니다(23-a).

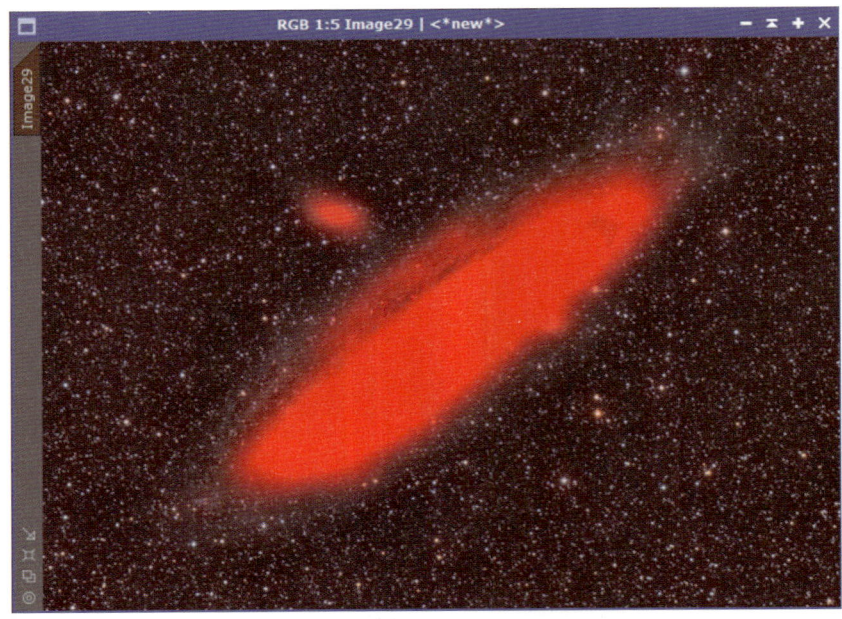

23-a

㉔ CurvesTransformation 창을 오픈하고 Real-Time Preview 버튼을 눌러 미리보기 창을 확인합니다(24-b). RGB/K 커브와 S(Saturation) 커브를 움직여 배경의 색상과 밝기를 적당히 조정합니다(24-a).

처리가 적당하다고 판단되면 미리보기 창을 닫고, Apply 버튼을 눌러 이미지에 적용합니다(24-c).

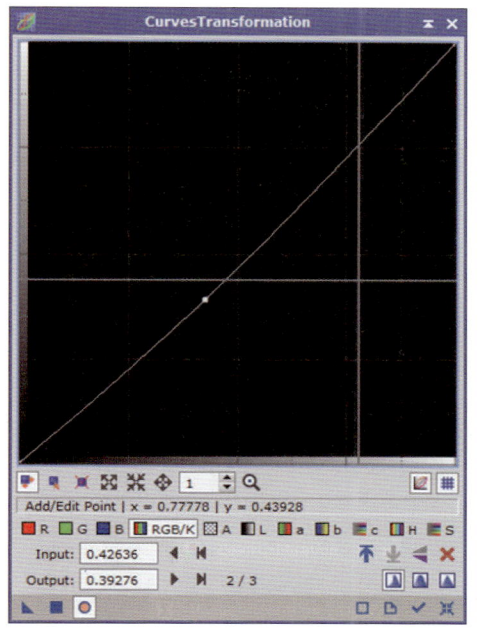

24-a

24-b

24-c

㉕ ACDNR 창을 오픈하여(25-a), Real-Time Preview 창을 보면서 최적의 옵션 값을 조절합니다(25-b).

옵션 조절이 완료되면 New Instance 버튼을 처리 이미지 위에 끌어놓고 노이즈를 제거합니다(25-c).

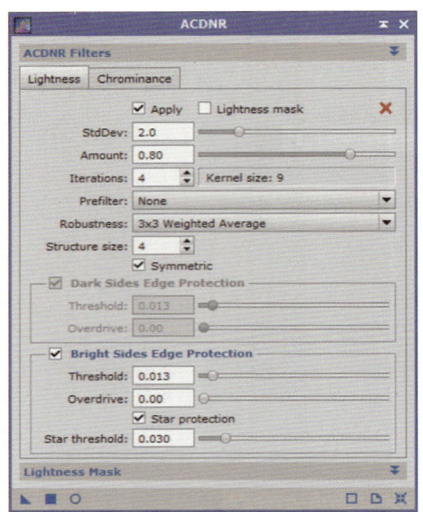

25-a

25-b

25-c

214 딥스카이 사진 촬영 가이드

㉖ StarMask를 실행하여(26-a), 마스크 이미지를 생성하고(26-c), 처리 이미지에 적용합니다(26-d).

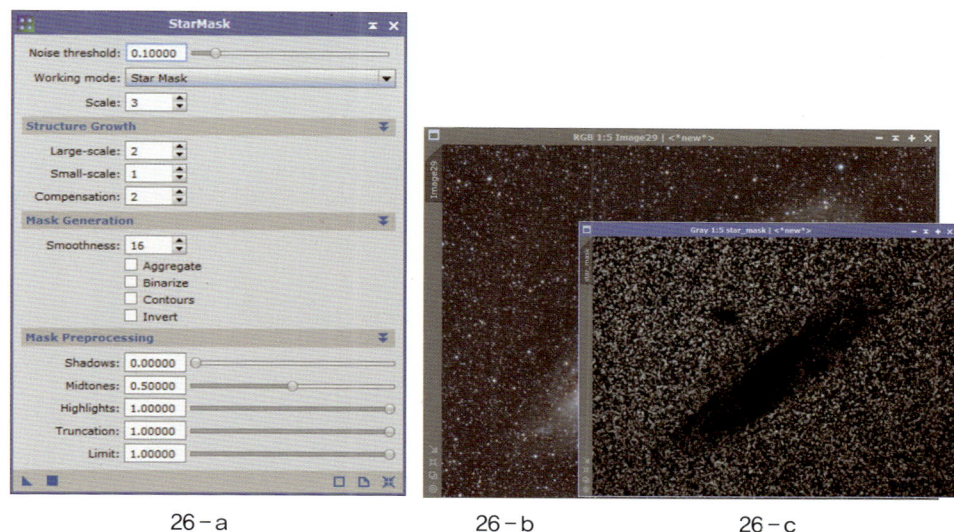

26-a   26-b   26-c

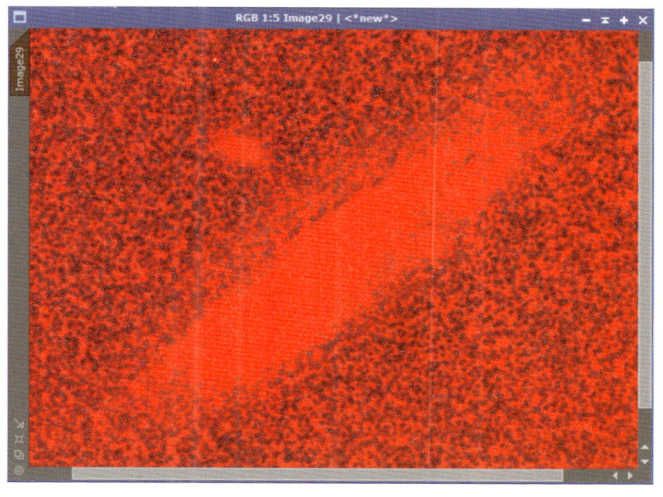

26-d

㉗ MorphologicalTransformation 창을 오픈하고 옵션을 조정한 후(27-a), New Instance 버튼을 마스킹 적용되어 있는 화면(27-b) 위에 끌어놓아 별상을 줄입니다.

완료 후 Mask > Remove mask를 클릭하여 마스킹을 제거합니다(27-c).

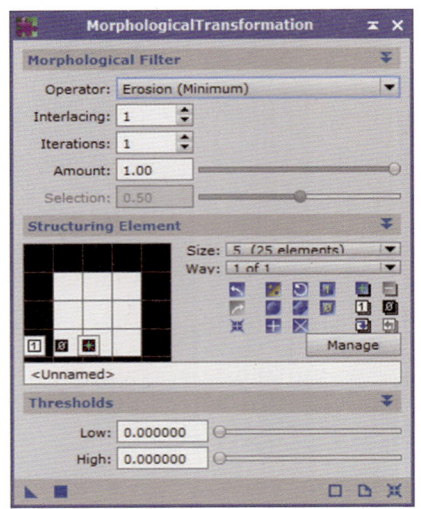

27-a

27-b

27-c

㉘ 처리된 이미지를 JPG 파일로 저장하여 완료하거나(28-a), 필요한 경우 Tiff 파일로 저장하고, Photoshop 등의 이미지 처리 프로그램을 사용하여 추가적인 처리(레벨, 색상 균형, 사이즈 조정 등)를 시행하여 완성합니다(28-b).

28-a

28-b, M31 안드로메다 은하

촬영지(관측지) 이용 시 유의사항

다른 분들과 촬영 장소를 공유하는 곳에서는
아래 내용이 꼭 지켜질 수 있도록 합니다.

1) 촬영 장비 설치 및 촬영 도중 너무 밝은 조명은
   타인에게 피해가 갈 수 있으니 주의합시다.

2) 레이저 포인터는 가급적 사용하지 않도록 합시다.

3) 주위에 담배꽁초, 휴지, 빈 캔 등 쓰레기들은
   모두 수거하여 깨끗한 환경을 유지합시다.